食物与科学的美味邂逅

[日] 石川伸一/著　　徐灵芝/译

中信出版集团 · 北京

图书在版编目（CIP）数据

食物与科学的美味邂逅 /（日）石川伸一著；徐灵芝译 . -- 北京：中信出版社，2018.6

ISBN 978-7-5086-8992-0

I. ①食… II. ①石… ②徐… III. ①食品科学－普及读物 IV. ① TS201-49

中国版本图书馆 CIP 数据核字（2018）第 108227 号

食物与科学的美味邂逅

著　　者：[日] 石川伸一
译　　者：徐灵芝
出版发行：中信出版集团股份有限公司
（北京市朝阳区惠新东街甲 4 号富盛大厦 2 座　邮编　100029）
承 印 者：中国电影出版社印刷厂

开　　本：880mm × 1230mm　1/32　　印　　张：6.5　　字　　数：147 千字
版　　次：2018 年 6 月第 1 版　　印　　次：2018 年 6 月第 1 次印刷
京权图字：01–2018–3578　　广告经营许可证：京朝工商广字第 8087 号
书　　号：ISBN 978–7–5086–8992–0
定　　价：49.00 元

目录

食物与科学的美味邂逅

Menu

前言

小时候我的家里很贫穷，吃“生蛋拌饭”时我要和姐姐分吃一个鸡蛋。年长 3 岁的姐姐对当时还很天真无邪的我说“我先帮你拌上鸡蛋”，然后她把不太好吃的“果冻状”蛋白分给我，把好吃的蛋黄部分多留给自己。

20 多年后，我成为一名在大学研究饮食的研究员，并选择“蛋”作为研究对象。自从我开始研究蛋以后，姐姐就说：“你是因为小时候没能吃到好吃的生蛋拌饭，所以潜意识里对蛋感兴趣吧。”

在那个贫穷的幼年时代，电视动画片中描述的“未来食物”中有卡片食物、软管食物，以及胶囊状的、容易让人联想到“航天食品”的食物，还出现了可以用微波炉之类的器具快速烹制完成的食物。在20世纪80年代，人们对未来的21世纪充满了光辉灿烂的憧憬。当时还处在少年时期的我，与一般人相比食欲更加旺盛，常常回味着动画片中的未来食物，幻想着21世纪的食物，然后感到肚子很饿。

进入21世纪以后，10多年的时间过去了，我平时的饮食与20世纪相比并没什么变化，吃米饭、喝酱汤，不过早晨可以吃整颗鸡蛋拌的饭了。而另一方面，从20世纪90年代开始到现在，国外一些餐馆由于使用“分子厨艺”或“分子烹饪”等一些前所未有的方法烹制食物而受到了瞩目。

“分子烹饪”包含了物理学、化学、生物学、工程学等科学的观点，通过科学的方法，尝试烹制前所未有的新颖食物。一些餐馆使用原本用在科学实验室的器具，烹制了谁也没有体验过的全新食物。前往这些餐馆用餐的顾客一定能从这些食物中感受到一种时尚，并预见到今后的饮食发展前景吧。

一些时尚前卫的餐厅，由于使用了新的烹饪技巧而使其烹制的食物获得了很大的进步；与此同时，我们平常吃的食物好像并没有发生大的改变。但与以前相比，在超市里买的食材或家庭餐馆烹制的菜品明显变得好吃了。用最新型的电饭煲煮的米饭，好吃得让人感叹；而且原有的传统食物，通过各种试验，也被进行着“美味最佳化”的改良。

因此，要揭秘美味食物的奥秘和开发新颖食物，需要使用科学这把“手术刀”。希望通过此书，能和大家一起来品味食物和科学的美味世界。

第 1 章

chapter 01

食物和科学相遇的历史

Menu

1 当厨师遇到科学

“分子”走入饮食界的过程

贫穷理科生的烹饪生活

大学时代虽然没有什么钱，但因为喜欢美食，所以我每天早晨和晚上都会自己在家做一些比较省钱的饭菜。后来，受同年级一个爱好制作点心的男生的影响，我每到周末就开始在家做蛋糕、面包之类的。用现在的话来说，我是一个标准的“煮夫”。

我在尝试做点心的过程中发现，如果完全按照基本食谱的步骤操作，就能相应地做出食谱中那种美味的点心。我偶尔会尝试着改变一下做法，结果烘焙的点心会非常难吃，但我会边嘟囔着“火候还差一点儿啊”，边开开心心地把它吃掉。因为我觉得思考“怎样才能做得好吃”的这个过程就很快乐。

我最感兴趣的是做冰激凌。读研的时候，我在一个生物物理化学研究室工作。有一次，我“奢侈地”买了一台德龙公司制造的家用冰激凌机，那段时间的周一至周五，实验结束深夜 12 点左右回到家后，几乎每晚都会自己制作冰激凌。

我大概连续做了一个月，每天半夜三更都尝试不同的做法，有时调整冰激凌的混合原料配比，有时改变搅拌时的温度，有时调整混合原料的发酵时间等，做出尺寸和外面商店里卖的差不多的冰激凌，然后作为当天的晚饭全部吃光。记得迷上做冰激凌的那段时间刚好是寒冬季节，吃完冰激凌后，我就哆嗦着躺进被窝里睡觉。因为吃了太多的冰激凌，体内感觉飕飕发冷。但是，得益于那段时间不断地做冰激凌，我因此练就了近乎完美的冰激凌制作技巧。

现在回想起来，连我自己都搞不明白当时为什么会迷上做冰激凌。但我清晰地记得做冰激凌的感受，要做出口感丝滑的冰激凌，必须考虑加热的时间或温度对混合原料物理特性造成的影响，还要从分子的角度考虑蛋黄的乳化性。

分子生物学的兴起

人们常说烹饪是一门科学，而现在，当从事研究工作的我站在厨房里时，更深切地感受到了这一点。炒蔬菜或烤面包时，平底锅或烤箱里发生的反应正是所谓的"化学反应"，烹饪得到的食物其实就是"化学反应生成物"。

对于烹饪来说，经验和技巧非常重要，但如果要深入探究食物变得美味的过程，就必须用科学的观点来看待烹饪。日语中的"料理"正如其字面上的意思，可以说是"谋求一种道理"，所以实际上烹饪应属理科范畴。

在科学界，自 1938 年沃伦 · 韦弗（Warren Weaver）提出了从分子层面来理解生物学的"分子生物学"后，这一观点促使现代生命科学出现了巨大进步。1953 年，由克里克（Crick）和沃森（Waston）

提出的 DNA（脱氧核糖核酸）双螺旋结构模型，完美地诠释了遗传由 DNA 的复制引起、DNA 的碱基排列顺序代表遗传信息的观点，在分子生物学发展过程中具有划时代的意义。自此以后，人类能够用“分子语言”轻松地破译生物最神秘的遗传密码。

食物和科学的相遇

在饮食领域，从 20 世纪末开始，海外的一些物理化学家中兴起了一股从分子层面研究食物的潮流。科学家用“分子的刀和叉”揭开了食物美味的秘密。

另一方面，一部分先锋派厨师利用类似现代实验室所用的器具，创造出了前所未有的新颖食物。这些新颖食物被标上了“分子厨艺”“分子美食学”“分子料理”等标签，吸引了众多关注。

近几年，食物和科学相互迅速靠近。对于食物和科学相遇的这段历史，视角不同，理解方式也大相径庭。让我们站在不同的立场，分别来看看厨师眼中的科学和科学家眼中的烹饪吧。

斗牛犬餐厅主厨的前卫食物

在西班牙声名鹊起的烹饪天才

从 20 世纪后半叶开始到 21 世纪，一名并非来自美食大国的厨师震惊了全球烹饪界。他的名字叫费兰·阿德里亚（Ferran Adrià），是西班牙加泰罗尼亚地区斗牛犬餐厅（El Bulli）的主厨。

斗牛犬餐厅以其前卫的食物在 1997 年获得米其林三星的评级，

并从 2006 年开始蝉联 4 年“世界最佳餐厅”排行第一的殊荣，作为世界上最难预定的餐馆，一度非常有名。遗憾的是，该餐厅于 2011 年停业，但 2014 年创设了新的“斗牛犬基金会”。

斗牛犬餐厅最著名的烹饪方法之一，就是把食材变成泡沫的慕斯技术。阿德里亚从生奶油或蛋白打成泡沫状后的奶油冻上获得灵感，他利用阀门放出一氧化二氮，改良了制作苏打的工具，然后做出了慕斯。这种烹饪工具仅靠空气的力量就能让食材起泡，所以可以把青豌豆、香草等一般不起泡的食材做成泡沫，然后制作食物。这就是通过开发新的烹饪工具，使食材产生原本没有的新口感的一个例子。

此外，作为斗牛犬餐厅最受欢迎的饮料被推出的杜松子酒，呈上下两层，下层是冷冻的杜松子酒，上层是与下层等量的慕斯杜松子酒。费兰 · 阿德里亚正是利用新工具和新技术来创造新颖食物，积极进行这方面探索和研究的典型。

被导入烹饪的“解构主义”

斗牛犬餐厅的新颖食物创作方法中包含了“解构主义”的概念。这是建筑、文学评论中使用的术语，而斗牛犬餐厅使用的解构主义，其目的在于“把古典风味的食物或传统风味食物的烹饪方法和食材彻底拆开，然后重新组合，创造出全新的食物”。

归根到底，斗牛犬餐厅烹制的食物最易吸引人眼球的是其新颖性，这种食物背后隐藏着“打破以往饮食固有的传统观念，通过搭配要素，重塑新的可能性”这种饮食的后现代主义。烹饪界导入这种哲学思想尚属首次，从这一意义来说，今后我们更应多加关注。

具有“科技感”的现代烹饪

现代艺术家费兰·阿德里亚

斗牛犬餐厅标榜自己烹制的食物“能调动人的五感，并让人的大脑感受到惊奇”。要烹制一种奇特新颖的食物，靠以往的烹饪工具或烹调方法是无法做到的，所以他们使用了原本不是用于烹饪的工具或方式。

他们使用烧瓶、滴管等实验室常用的仪器，以及苏打虹吸瓶、高压锅之类当时最先进的器具，采用把食材粉碎或者打成泡沫等方法，不断创造出既能保留食材原有的味道又比较容易消化的菜谱。

因为斗牛犬餐厅的厨房使用了原本用于实验室的器具和技术，所以对于很多人来说，阿德里亚的创意食物也许看上去具有“科技感”。但在现代艺术世界，也经常会采用新素材或最新的表现手法。因此，虽说在技巧上使用了实验性的手法，但这是否就是科学，还须另当别论。

从数量庞大的有关斗牛犬餐厅的文献、书籍、影像资料、采访报道等可以看出，阿德里亚虽然在研发具有艺术性的创意食物上倾注了大量的精力，但他对阐明这些创意食物的原理或现象好像并不感兴趣。

斗牛犬餐厅的菜品是对食材的亵渎？

对斗牛犬餐厅的新奇食物存在赞否两论，甚至还有人觉得这是对食材的亵渎。食物是被身体吸收的东西，所以偏保守的声音比较多，这可以说是正常的反应。但是，阿德里亚在接受美食评论家山本益博的采访时，曾说了以下的话：

> 以葡萄酒为例，通过对葡萄这种食材进行加工，经过提炼后，我认为葡萄酒比葡萄本身更像是一种食材，不是吗？用柑橘类水果做果子露冰激凌时也是一样。即便是伊比利亚火腿，也须通过加工和熟成工艺，最终才能从原有的食材中提炼出不可思

议的美味。重要的只有一点，那就是让食材能够产生超越其本身的美味。

（《斗牛犬餐厅超乎想象的美味》，山本益博著，光文社，2002 年）

这位厨师给人的印象就像是一名导演，通过一切手段把食材自身都不知道的潜藏魅力显现出来，然后让它站在餐桌这一舞台上，最终博得满堂喝彩。

费兰·阿德里亚作为在本书后述的分子烹饪领域中获得成功的先驱，被媒体广为报道。但对于阿德里亚创意的食物，比起“分子烹饪”，我觉得也许用类似现代艺术（现代美术）这种语感的“现代烹饪”这个词来形容更为恰当。

专栏1　费兰·阿德里亚给烹饪界带来的三项革命

费兰·阿德里亚是一名因创意独特的新颖食物和开发的多种全新烹调方法而广受评论的厨师。但他给烹饪界带来的深度冲击实际上另有原因，大约可以概括成以下三个方面。

1. 在依然维持旧有等级制度的烹饪界，他建立了史无前例的新体制，把包括食谱、烹调方法等在内的所有信息公开化。

2. 亲身验证，创作新颖食物须通过团队合作来实现，这给很多名不见经传的年轻厨师带来了希望。

3. 他一直坚持，正如食物和科学的结合，21 世纪烹饪的发展与其他领域的合作不可或缺。

从第一点提到的斗牛犬餐厅的特点中，可以看到他们的一种意向，即对独自开发的菜谱毫不私藏，而是教给其他厨师，通过共享新烹调方法促使烹饪技术更加进步。这可以说是菜谱的“开放源代码化”。实际上，斗牛犬餐厅的菜谱集已被作为书籍大量出版，其中记载了很多创作菜谱时的新创意等内容。

第二点中的“团队合作”，看了《斗牛犬餐厅的秘密——世界上最难预约的餐厅》这部影视作品就可以完全理解。来自世界各国的很多崇拜费兰·阿德里亚的厨师们，竞选斗牛犬餐厅的后厨工作人员团队。要从多达500人的应聘者中选出3~5名新手厨师，这是一次超级激烈的竞争。阿德里亚和被选中的厨师们一起经历无数次失败，不断摸索，共同研发菜谱。

至于第三点中的“与其他领域的合作”，从阿德里亚烹制的谁也未曾见过的食物就能一目了然，那些食物都是运用全新的烹调方法创造的。

在餐厅菜谱开发过程中采用“开放源代码化”，发挥团队智慧，导入不同领域的技术，这是阿德里亚给烹饪界带来的革命，我认为他的功绩在于通过这些做法激励了很多厨师以及餐饮界人士。即使到现在，仍有一些在斗牛犬餐厅工作过的厨师供职的餐厅被选为“世界最佳餐厅”，这也深刻反映了阿德里亚的上述思想。

从阿德里亚把上述做法导入烹饪界的方式来看，我感觉他作为一个研究者，与科学家非常类似。把研究成果、研究方法写成论文，在网站公开让任何人都能查阅，召集跨学科的成员来弥补自己不擅长的

领域，依靠团队进行工作等，这些在现代科学界中都是非常重要的做法。另外，博士后汇集在一些比较有名的研究室，通过相互激励共同提高，这种体制和斗牛犬餐厅的做法也很相似。

不仅限于科学界，计算机业、制造业等很多行业也都开始重视信息公开化、团队合作和跨行业交流，而把与此类似的某种“21 世纪的工作方式”迅速引入到烹饪界的，可以说正是费兰·阿德里亚。

2 当科学家遇到烹饪

在哈佛引起热潮的“烹饪教室”

食物作为教学道具

2011年《朝日新闻GLOBE》第59期用5个版面刊载了标题为“当烹饪和科学相遇时”的专题报道，探寻烹饪和科学的交接点。卷首刊登了哈佛大学应用数学专业的迈克尔·布伦纳（Michael Brenner）教授一行参加“科学和烹饪”讲座时的报道。报道描述了举行讲座时的场景，原本约容纳300人的教室，讲座首日涌入了翻倍的人数，教室里被站立的观众挤得满满的。

研究应用物理学的戴维·韦茨（David Weitz）教授通过在煎烤程度不同的牛排上放上砝码来比较肉下沉情况的方式，说明了牛排半熟状态和火候适中状态时，牛肉内部会分别发生怎样的变化。

韦茨教授以弹簧运动为例，解释了肉的煎烤程度不同弹性也会不一样的原因。肉的弹性与蛋白质分子的连接密度有关，所以分子间的距离变长，密度也会变稀薄；分子间的距离变短，弹性减弱，肉质就会变硬。

另外，他还列出表示熬制调味汁和制作果冻时导热性、黏性、弹性的计算公式，解释了我们日常所接触到的食物背后存在的物理或数学规律。通过这些解说，让我们充分了解，如果由数学家或物理学家来“切割”食物，那将会出现怎样的情形。

在《朝日新闻 GLOBE》的这一报道中，韦茨教授表示“向大学生传授科学的趣味性是一个长期的课题，通过这次讲座感觉效果良好”。这次讲座中，大学教授把食物作为道具，向学生传授了应用物理学、工程学的基本原理。

一流的厨师和糕点师也走上了讲台

在哈佛大学的“科学和烹饪”讲座中，以费兰·阿德里亚为代表的很多著名主厨也走上了讲台。

2013 年被选为“世界最佳餐厅”第一位的西班牙罗卡之家餐厅（El Celler de Can Roca）的主厨和糕点师胡安·罗卡（Juan Roca）和乔迪·罗卡（Jordi Roca）兄弟、获得米其林餐厅排行榜二星的纽约桃福餐厅（Momofuku）主厨戴维·张（David Chang）、代表西班牙巧克力行业缔造者的巴塞罗那的安力·罗维拉（Enric Rovira）等都进行了现场演示的讲座。

“科学和烹饪”的一系列讲座自 2010 年起每年举

行，其受关注度逐年上升。以往的系列讲座情况都放在网站上，任何人都可以轻松地免费观摩。

分子美食学之父——埃尔韦·蒂斯

分子美食学的发端

埃尔韦·蒂斯（Hervé This）是巴黎的法国国家农业研究所研究员，因进行烹饪过程中的物理化学研究而闻名。

1992 年，蒂斯和物理学家屈尔蒂·米克洛什（Kürti Miklós）共同在意大利西西里岛的埃利斯召开了第一次“关于分子以及物理美食学的国际研讨会”。蒂斯从那时就提出了“分子美食学”的名称。

“分子”是物理性、化学性的概念，分子美食学就是从物理、化学的角度来研究美食学的意思。因此，蒂斯指出，分子美食学的定义不是用科学手段来创造新的食物，而是解开烹饪过程中所发现的现象之原理。蒂斯的兴趣是对历来的美味食物，从科学角度来解释其标准操作流程。

分子美食学和以往食品科学的不同

分子美食学和历来的食品科学有什么不同呢？蒂斯认为，这是一个历史性问题。

蒂斯自 1988 年起开始研究分子美食学，当时食品科学的重点在于食品的化学成分和食品技术。但他对食材的化学组成本身完全没有兴趣，他感兴趣的是食材在烹饪中会发生什么变化，以及如何用科学来解释这些现象。

食品科学并不意味着一定能解释烹饪现象的原理。但是，分子美食学是食品科学的子集，因此蒂斯认为，正确的观点应该是把分子美食学看作食品科学的范畴。换言之，分子美食学就是在研究食物的学问中，把烹饪过程中的食物研究进行专门化。

我个人认为，食品科学偏重的似乎是食材，而分子美食学偏重的是烹饪。还可以说，分子美食学把重点放在食材可食用化之前，是一门研究如何使食材变得更美味的学问。而且，我认为食品科学研究应该由食品产业或食品企业来进行，而分子美食学和烹饪科学研究应该由餐厅或个人来进行。

京料理的挑战：农艺化学和美食学的融合

奇妙的试验性食物

2012 年 3 月底，京都的日本农艺化学会某个会场沉浸在一种奇异的热潮中。这里正召开着一场标题为“京料理的挑战：农艺化学和美食学的融合”的科学茶座和研讨会，非常引人入胜。

研讨会内容有两项：由京都日式高级餐厅厨师们成立的“日本料理学会”、以京都大学研究室为主的研究员团队为日本料理的革新发展而成立的“日本料理研究室”，二者发表共同研究的成果；由厨师解说双方实际合作制作的试验性食物，并让参会人员品尝。

参会人员最关注的还是试验性食物的品尝。共8位京料理厨师烹制了全新菜品，并由制作菜品的本人进行了包含原理的详细演示。具体有以下菜品：

修伯料理店的吉田修久用海带和蔬菜汁搭配，让动物性汤汁清澈透亮。菊乃井料理店的村田吉弘用卤水加热鳕鱼白和豆乳使其凝固。瓢亭料理店的高桥义弘先用琼脂打底凝固鳟鱼和芥菜花，浇上粗茶和辣椒油，再用柚子酱拌匀，有效地利用了“时间差”。竹林料理店的下口英树用液氮让盐烤香鱼重回河川。竹茂楼料理店的佐竹洋治分别用不同方式使豆乳、鲷鱼汤、西红柿汤、生海胆汤、花椒芽酱凝固。丹熊北店的栗栖正博创造了可在口中感受“风味的时间差”的三层蒸蛋。木乃妇料理店的高桥拓儿从芜菁和胡萝卜中分解甜味。一子相传·中村料理店的中村元计创造了“多次元风味”，让“酸甜辣风味”中带有时间差。

例如：中村元计的“酸甜辣风味”，是指流传在香川县一带的一种芥末和加醋糖磨酱混拌的味道。中村厨师测量了这种混拌酱料和食材的味道所持续的时间，发现入口约三秒钟，先感觉到的是白酱味道，然后是酸味和辣味，最后剩下的是淡淡的酸味。他用各种凝固剂进行了尝试，把白酱打成泡沫以便味道更快奏效，用明胶使醋凝固以便缩短酸味奏效的时间，用琼脂凝固芥末以便延长其味道奏效的时间，这样就能尝到隐藏在芥末和醋的混合味道之后的白酱的香味和鲜

味。也就是说，利用混拌酱料味道的时间差，来体现“多次元风味”。

最后，在8位厨师聚集一堂进行答疑的时间里，媒体相机的闪光灯齐齐对准明星厨师们闪烁不停。

寻求美味的认真态度

研讨会中，中村厨师的以下发言给人留下了深刻的印象。

> 无论使用什么样的新技术，如果客人吃了觉得不好吃，那就毫无意义。我们应该在被客人问“这道菜真好吃啊，怎么做的？”时，才解释“实际上，我们采用了这种科学技术……”。如果在客人品尝前就解释“这是采用新的科学烹调法烹制的菜……”，这会让人觉得很不知趣。

对于试验性食物，在品尝之前就被过多解释的情况常常令我感到头疼，比如说这是采用了多么了不起的科学技术，诸如此类。对于烹饪来说，如果不把美味作为前提，那么特意花钱去餐厅品尝就没有意义；如果把技术放在优先地位，就会变成厨师个人自命不凡的菜品，而把客人置于一旁。京料理的这种科学和烹饪的结合，是为了开发美味食物而采用科学技术。它是以日本料理学会创立时的“从科学的角度理解构成日本料理的各种现象，并深掘其概念性意义，最终努力为创造新颖食物打好基础”这一目的为基础的。

当然，仅靠科学是无法表述食物的。食物的美味是由外形、当时的氛围等各种要素组合而成的复合艺术，所以毋庸置疑，厨师的厨艺和感性是最重要的，只能说科学是食物中的一种调味品。

专栏 2　精通科学的主厨赫斯顿·布卢门撒尔

作为采用科学烹调法进行烹饪的厨师，与斗牛犬餐厅费兰·阿德里亚同样有名的，还有英国的赫斯顿·布卢门撒尔（Heston Blumenthal）。

布卢门撒尔是伦敦西部伯克郡肥鸭餐厅（The Fat Duck）的主厨。肥鸭餐厅在 2004 年获得米其林三星的评级，2005 年因被评为“世界最佳餐厅”榜首而辉煌一时。

虽然布卢门撒尔和阿德里亚一样，采用了很多全新烹饪法进行菜谱开发，但我感觉两者的不同在于布卢门撒尔对科学的兴趣和贡献度。尽管布卢门撒尔是一名厨师，但他不仅和大学教授们共同进行研究并发表科学论文，更因对烹饪进行的科学研究而被认可，并获得多所大学的名誉学位。

此外，阿德里亚把开发新颖食物的场所叫作“工作室”，而布卢门撒尔则称其为“实验室”，从这点也可以看出，相比于艺术，布卢门撒尔的研究更接近科学。阿德里亚的故乡在西班牙的加泰罗尼亚地区，这是孕育出高迪、毕加索等艺术名人的“艺术之乡”；而布卢门撒尔的故乡在英格兰，是孕育出法拉第、牛顿等科学家的“科学之乡”。这种不同从两位厨师各自的美食精髓中也能感觉到。

在形容布卢门撒尔烹制的菜品特点的关键词中，有一个词叫“多感觉美食”。感受美味食物的风味时，味觉、嗅觉是不可缺少的，但还要求有“多感觉性”。

其代表性菜品是“海洋之声”。这是通过反复的科学研究，说明听觉是如何影响食物口味的一道菜。这道菜非常具有挑战性，在用牡蛎、文蛤、贻贝、海藻等海鲜烹制的菜品中加上一台 iPod（苹果公司音乐播放器），让客人伴着海浪声享受海鲜。或许这道菜给人的感觉只是一种惊奇或话题性，但让波涛声实实在在地回响在头脑里的同时品尝着食物，也许真的可以体会到美味究竟是一种怎样的多感觉滋味。

布卢门撒尔为了制作出美味食物，通过很多实验和科学来进行了验证，他可以称得上是一名考虑问题时喜欢抠死理儿的、非常精通科学的厨师。

3 烹饪之科学的未来

分子美食学死亡了？

分子美食学创立者的固执导致的结果

由屈尔蒂·米克洛什和埃尔韦·蒂斯提出的分子美食学，两位创立者对其的定位是“科学而非技术”，他们一直主张分子美食学不同于利用新的食材、道具、方法创造新颖食物的技术。

一些文献也有记载，蒂斯曾明确指出，分子美食学的主要目的是找出现象的原理，是创造知识（发现），而非运用知识（发明）。厨师所做的也许是分子烹调，但不是分子美食学。

科学家和厨师通过合作，发现了很多非常有趣的事实，并研发出了新的烹饪方法。但由于分子美食学创立者们对科学的固执，厨师对分子美食学的贡献未能获得很高评价，导致最初进行合作的厨师们曾相继背离。2006 年，费兰·阿德里亚等与分子美食学关联较深的几位厨师甚至发表声明，把自身的烹饪研究与“分子美食学”这个词汇划清了界限。而且，赫斯顿·布卢门撒尔在英国报纸《观察家》网站的报道中说：“分子美食学死亡了。”

鉴于这样的过往，据说很多厨师不愿意听到“分子美食学”这个词。但是，厨师们并非认为科学知识、新技术对今后新颖食物的发展没有必要，相反，他们深刻地认识到科学对烹饪非常重要。

科学和技术——相辅相成的“车轮”

科学和技术的历史及内容本来就是不同的。据《广辞苑》记载，科学是“系统性的、可以通过经验进行实证的知识”，与之相对应，技术是“巧妙地解决问题的技巧，是通过科学知识的实际运用，对自然事物进行改变、加工，使其对人类生活有用的技能”。

在近代之前，科学和技术作为完全不同的活动，是无交叉并列进行的。但进入 20 世纪后，有些观点提出把科学原理运用到技术中，以期在军事、产业上发挥作用，政府和企业开始积极推进相关的研究和开发，其结果导致我们的生活出现了便捷化的飞跃。另一方面，由于这些活动的增加及范围扩大，进入现代以后，很难再把科学和技术清晰地区分成“自然法则的解析”和“其运用”来考虑。

认识科学和技术的方向性不同虽然是首要的，但同时我们也要明白，进行任何技术革新，都需要科学和技术的共同力量。实际上，科学活动对运用新技术的实验或观测方法的依赖度也在提高，在科学界最有名的诺贝尔奖不仅被授予新发明，也经常被授予创造出新发明的新技术。

新技术带来了科学性的新发现，科学性的新发现又创造了新的技术。科学和技术是相辅相成的关系，可以说是车子的两个车轮，不管这两个“轮子”中哪个太大或太小，车都会无法行驶。我认为食物

领域和科学领域、厨师和科学家的关系与科学和技术的这种关系是一样的。

新技术创造新颖食物，从新颖食物中又会产生新的科学发现。回顾以往烹饪和科学的发展，当厨师和科学家共享各自领域的资源时，可以深切地感受到这种资源共享给饮食界带来的巨大发展。我认为，只有拥有相互尊重各自的专业、打破“各司其职”的传统习惯，以及深入了解对方专业的这种意识，才能把食物推向下一个新舞台。

从科学和技术的角度重新定义“分子烹饪”

sushi还是寿司

人际交流中出现障碍或不同意见的原因，可以毫不过分地说，主要在于前提条件的不同。要做到相互了解，重要的一点就是要事先了解各自对词汇的定义。

比如，日本人理解的“寿司”和外国人所理解的“sushi”未必是一致的。因此，日本人在国外看到“sushi”时会不由得目瞪口呆，也许还会感到一丝愤怒。但即使是在日本人看来有点儿古怪的“sushi”，大概在当地人看来，也觉得那是真正的寿司。

同样，日本或美国的比萨，让比萨发源地的意大利人来看，也会感到生气；印度人看到日本的咖喱也会感到怪异吧。这种饮食文化的不同、语言的语感或定义的微妙差别，常常会导致交流的障碍。

我认为妨碍分子美食学发展的其中一个原因就是定义的错误，厨师理解的分子美食学和科学家理解的分子美食学的定义之间似乎存在分歧。在思考“烹饪和科学的未来”这个问题时，我们不要使用已经被赋予太多各种各样意思的“分子美食学”这个词，可以试着考虑一下“分子烹饪”这个词。

“调理”和“料理”的不同

首先，看一下日语中经常使用的“调理”和“料理”这两个词的不同。这从日语“调理师”和“料理人”的不同就能理解，“调理师”给人的印象是职业性的，“料理人”给人的印象则比较随意。

“调理”这个词是调制、整理的意思，也就是说把食物烹制得美味，立即能食用；而另一方面，“料理”是指制作吃食，或指已经做好的食物。一般来说，调理和料理的关系如下：

食材→调理→料理

换言之，狭义的调理学可以说是思考制作料理过程的学问，而料理学是以已做好的食物为主进行思考的学问。此外，以食材为主要对象的是食品学。广义的调理学把作为烹饪原料的食材、调理的这一操作，还有已做好的料理都纳入研究范围。

“分子烹饪学”和“分子烹饪法”

分子烹饪中“分子”的定义是什么呢?

神户学院大学的池田清和老师在《食品调理机能学》一书中提到了分子烹饪学。书中对分子烹饪学的定义是“对烹制食物并使其吃起来美味的这一过程中发生的现象，从分子角度进行解析的学问”，并指出美味和各种因素有关，搞清楚这些因素的量的参与和质的参与，即了解食材的分子特征和观察烹制后会发生怎样的变化极为重要。

这个定义和埃尔韦·蒂斯的一样，把重心放在了科学上。因此我认为，可以按图 1–1 所示，从科学和技术两个方面来定义分子烹饪。

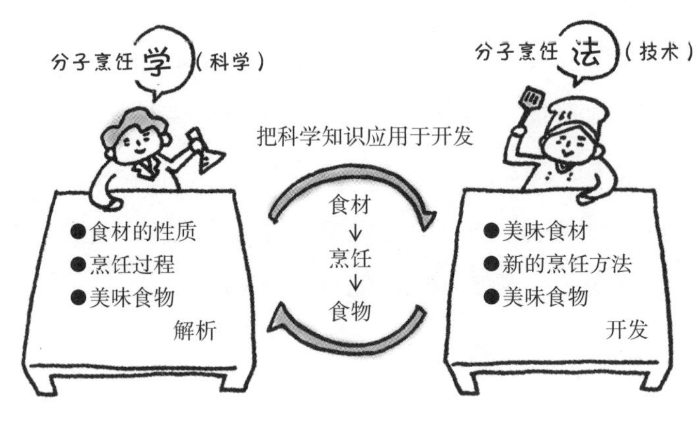

图 1–1 “分子烹饪”的定义

换言之，“分子烹饪学”可以定义为：在“食材→调理→料理”的过程中，从分子角度解析食材的性质、烹饪过程中发生的变化，以及食物美味的主要影响因素等。从研究和开发的角度来说，是还原论的研究领域；从基础和应用相结合的角度来说，属于基础研究。分子烹饪学采用的是从宏观看微观的分析性手法。

与之相对应，“分子烹饪法”可以定义为：根据分子水平的原理来进行美味食材的开发、新烹饪方法的开发和美味食物开发的技术。从研究和开发的角度来说，是复杂的开发领域；从基础和应用相结合的角度来说，当然是属于应用研究。分子烹饪法采用的是从微观展望宏观的总体性手法。

分子烹饪学和分子烹饪法是相互关联的，从科学的分子烹饪学中发现的科学性见识被应用到技术的分子烹饪法中，反之，在分子烹饪法中创造的新技术又发掘出分子烹饪学上的新见解，通过两者的相互刺激促进共同的发展。

比如，某种意义上医学也是这种科学与技术的结合，或许可以说分子烹饪学的内容相当于探究病因的基础医学，分子烹饪法的内容相当于治疗病情的临床医学。

分子烹饪能够做到的事

烹饪的“科学过滤器”

前面提到的《朝日新闻 GLOBE》曾刊登过对菊乃井料理店主厨村田吉弘的报道，吸引我的是报道中提及的如下趣闻。

村田在给各国处于成长期的厨师们讲解日本料理时，觉得用“保留了历史或季节感”等循规蹈矩的说法来解释日本料理，太模棱两可，无法把日本料理的精髓传达给对方，所以要让大家从科学的、理论的角度来理解这么做的原因。2002年，这种观点得到很好的证实：关于作为京料理关键的海带高汤，大学的研究者们通过实验得出的结论是“要最大限度地提取海带的谷氨酸，把海带置于60摄氏度的水中连续加热1个小时最适宜”。

比较一下同行们通常采用的做法，虽然放在火上加热的温度在20至80摄氏度不等，但比较普遍的高汤熬制方法是慢慢提高水的温度，在快要沸腾前取出海带，然后放入干制柴鱼片，再次把水烧开后关火。毫无疑问，这是代代相传的做法。但实际上效果最好的熬制程序是，保持60摄氏度的温度连续加热1个小时，然后让锅里水温升到85摄氏度，关火放入干制柴鱼片，等柴鱼片沉淀后马上进行过滤。既然知道有更好的方法，京都的高级日料店都毫不迟疑地进行了尝试。

我认为，这才是真正的“食物与科学的美味邂逅”。只有厨师拥有了分子烹饪学这种新的“科学过滤器”，烹饪才会继续进步，这与食物能否进一步发展而变得更美味也息息相关。

温故知新，百尺竿头更进一步

有史以来，人类获得食物后，一般都进行烹制后再食用。依靠先祖的智慧或经验创造的各种各样的食物传给了现在的我们。如果能从分子层面解释潜藏在这些食物中的原理，应该就能找到很多分子烹饪学的规律吧。温习已有的知识，可以获得新的领悟，这些分子烹饪学的规律可以通过分子烹饪法得到实际应用。

此外，用科学的眼光检验潜藏在以往传统烹饪法中的“温故知新”，既可以确认这些传承的合理性，也可以发现这些传承有些方面未必合理。英国布里斯托大学的彼得·巴勒姆（Peter Barham）教授对一些所谓的“厨房里的神话”进行了科学的验证。比如，煮绿色蔬菜时加盐的作用，据说是更好地保持颜色，使水更快烧开，对此，他从科学的角度提出了疑问。

通过分子烹饪学，既可以科学地证明烹饪传承的正确性，也可以证明有些烹饪法只适用于一些特定场合。通过从客观的角度重新认识烹饪法，我们期待食物的美味能获得进一步的发展。

微观和宏观的良性循环

科学和技术是相辅相成的。根据分子烹饪学的原理发明更美味的新食物，而这种新颖食物中潜藏的原理也变得更加清晰，在此基础上再发明更新颖的食物，这样反复循环。从微观和宏观的角度来说，就是首先了解食材的分子特性，然后把它应用到实际的食物中，再通过实际品尝的感受，重新思考分子特性，即“微观→宏观→微观”这样一个过程。如果能维持这种良性循环，就可以磨炼烹饪的基础和应用。下面，以冰激凌为例进行说明。

首先，如果从“宏观→微观”的角度来考虑冰激凌的美味，其风味和浓郁的滋味固然不必多说，最重要的还是冰激凌入口时的口感。在口中融化时的“丝滑感”是冰激凌不可或缺的魅力之一，特别是乳脂成分较多的、浓厚的优质冰激凌，其美妙滋味就部分来自光滑细腻的口感。冰激凌中的冰结晶非常小，但冰激凌的光滑细腻度和冰组织中的冰结晶大小密切相关。至于冰结晶大小和口感的具体关系，通过显微镜观察到的结果为：冰结晶大小在 35 微米以下→非常光滑细腻的冰激凌，35~55 微米→光滑细腻的冰激凌，55 微米以上→口感粗糙的冰激凌。

这种从分子层面对冰激凌的美味进行的基础性研究，可以说是从宏观到微观过程中的分子烹饪，即分子烹饪学的特征。

其次，从“微观→宏观”的角度来考虑，通过分子层面的解析，发现冰结晶越小则冰激凌越丝滑，也就是说越好吃。了解了这一点，我们就可以考虑发明能控制冰结晶化、缩短冷冻时间的技术。缩短冷冻时间的最佳方法，在目前的状况下，就是使用液氮。用液氮瞬间冷冻的冰激凌比较光滑细腻，应该很好吃。根据冰激凌变好吃的原理，使用最适合的方法对食物进行应用型开发，就是从微观到宏观过程中的分子烹饪，即分子烹饪法。

上述宏观到微观过程的“从分子角度解析食物美味”是科学，微观到宏观过程的“把从分子角度解析的原理应用到制作美味食物上”是技术。

专栏3　根据“烹饪公式”进行食物分类和食物发明

在生物学中，对生物进行分类是这门科学的基础。在生物分类中确立了“界、门、纲、目、科、属、种”这种井然有序的金字塔型等级分类制度。分类有利于概念的整理、定义的确定，在烹饪学的领域，也有各种各样的食物分类。

从古今中外的烹饪书籍到Cookpad（日本食谱网）之类的“食谱交流网站”，有以食品素材、烹制操作为主线的分类，按主食、主菜、副菜这种用餐营养平衡进行的分类，按世界各国特色菜肴进行的地理性分类，从传统的古典菜肴到新颖的现代菜肴这种按时间轴进行的分类等。人们根据各种不同的概念，对食物进行分类和体系化。

在生物分类中，从20世纪末开始，参照遗传基因导入了分子遗传学方法，这使得很多分类群不得不进行彻底的重新分类。进入21世纪后，又开始流行用“DNA条形码”进行物种分类，这个条形码是以生物拥有的DNA序列的一部分，即碱基排列的差异作为指标的。

而食物分类学的领域，也逐渐导入了分子的指标。这就是“烹饪公式”，提出这个公式的是分子美食学之父——埃尔韦·蒂斯。

蒂斯首先通读了法国历代公认的重要饮食书籍，并亲自一种一种地尝试制作了被认为是法国菜烹饪核心的350种传统调味汁；然后通过显微镜观察分子状态，把这些调味汁分成了23个类别。之后，他提出所有的食物烹饪可以根据两个要素，用物理化学公式来表示。

这两个要素如下：

• 要素之一（食材的状态）

G（空气）：气体；W（水）：液体；O（油）：油脂；S（固态）：固体

• 要素之二（分子活动的状态）

/：分散；+：并存；⊃：包含；σ：复层

蒂斯说，通过把分别由 4 个种类组成的这两个要素进行搭配组合，可以解释所有食材或烹饪的构成。例如，未搅拌起泡的鲜奶油，由于是油脂分散在水中的状态，所以可以用以下公式来表示：

O/W（油脂 分散 水）

把鲜奶油搅拌起泡的烹饪方法是让油脂中含有空气，就是在油脂（O）中加入（+）空气（G），然后让含有空气的油脂处于分散（/）在水中的状态，其公式就是：

(O+G) /W（油脂 并存 空气 分散 水）

所有的食物都用这种烹饪公式来表示，用跟以往的分类法完全不同的观点对食物进行分类，并进行系统性整理，也许就可以形成食物的新体系。通过食物的“系统树”，可以期待发现食物意想不到的共同点，进而看清食物进化的过程。

还可以考虑通过改变公式，把它应用到新颖食物的开发中。例如，把前面的鲜奶油公式中表示油脂（O）的部分，置换成含有油脂的奶酪或肝，从理论上来说这样应该可以制作泡沫状奶酪或泡沫状肝。或者用不含油脂的食材，例如西红柿做成果汁，再加入油的话，泡沫状西红柿也不再是梦想。像这样用公式来表示烹饪，通过用别的东西置换公式中的食材或改变公式等方法，这种公式的应用可以无限扩大。

“食材只能做特定食物”的这种先入为主的观念，也许会成为开发新颖食物的障碍。从这一点来说，如果使用烹饪公式就不会被束缚在固定的食材观念上，无论哪种食材，只要考虑其物理性和化学性的特征，把各种食材套用到公式中，就有可能做出意想不到的食物。

我所在的大学在对一年级学生进行的新生教育中，有一门叫作“基础讨论”的必修科目。在基础讨论课上，我给学生们布置了一个题目：什么食物都行，请思考一个烹饪公式。学生当时都愣了一下，但第二周来上课时，提交了以下烹饪公式。

首先是大阪的N君想出的分子烹饪公式：

酱汤…… (S1+S2+S3) / W

S1：葱；S2：豆腐；S3：裙带菜；W：加了大酱的汤

这是一个很简单明了的公式。如果做火锅或杂烩的话只要增加S，就可以套用同样的公式。要说酱汤所用的材料，的确是葱、豆腐、裙带菜，这是所有的酱汤食材用料中占据必要位置的三种常用材料。因此，这个公式符合要求，也不存在用料不典型的问题。

接下来是千叶的K君想出来的公式：

饺子……(S1+S2+S3+O) ⊃ S5

S1：肉馅；S2：韭菜；S3：蒜头；O：芝麻油；S5：饺子皮

这是K君在公寓里自己包饺子后想出的公式。因为用饺子皮把馅料包起来，所以用表示包含的“⊃ ”。饺子皮是从外面商店买的现成的，所以作为其中一个要素用 S5 表示，如果手工制作饺子皮的话，S5 就要变成：W/S6（W：水；S6：面粉）。因为大家是第一次用公式来表示烹饪，所以好像都经历了一番苦思冥想，但大家对烹饪的观念发生了变化，这是一次很有趣的体验。

烹饪公式中没有绝对的正确答案，对食材分类越细，公式就会越复杂。烹饪公式是思考“食物骨架”非常有用的工具。而且，通过变换分子烹饪公式的材料、改变公式结构等就可以烹制出新的食物。例如，把饺子公式中“⊃”反过来，就可以发明用蔬菜包裹面粉的饺子。怎么样？这种“反包饺子”，大家要不要尝试一下？

第2章

chapter 02

科学让食物更美味

1 用大脑感受食物的美味

美味不在食物里，而在大脑中

食物的美味 = 食物 × 食用者

“迄今为止，吃过的最好吃的食物是什么？”

这是我经常问大学一年级新生的问题。之所以针对饮食体会进行提问，因为我觉得这是可以了解被问者的生长环境、思考问题的方式等背景的一个非常好的撒手锏问题。

学生给出的回答五花八门，“参加考试的前一天，妈妈给我做的取兆头食物”“在旅游途中吃到的具有文化冲击性的美食”，诸如此类，有些学生还描述了吃美食时的场景或当时的心情。食物不仅可以补充营养成分，也会给我们带来用餐的乐趣或喜悦。特别是铭刻在个人记忆深处的食物，甚至还可以唤醒当初品尝这种食物时的情景或感情。

我们平常吃东西时，吃之前首先会对放在面前的食物进行评价，包括颜色或形状等视觉效果以及飘来的香味等。实际入口后，在舌头上翻动食物来触动我们的感觉，并在瞬间做出好吃 / 不好吃、喜欢 /

不喜欢等判断。决定食物好不好吃的因素多种多样，除了外观、气味、滋味、温度、口感等食物方面的因素，还必须考虑肚子饥饿程度或健康状态等生理性因素、精神方面的心理性因素等食用者方面的因素。

换言之，如果把通过分子烹饪学探寻食物美味的秘密、通过分子烹饪法开发更美味的食物等活动不断地彻底进行下去的话，必然会发展到不仅是对食物，甚至对人也从分子层面进行考察的状态。

烹制美味食物的秘诀

例如在烤肉店用炭火烤肉时，我们通过在铁丝网上肉炙烤时的声音、肉的炙烤程度、飘来的香味，还有吃的时候从肉中喷溅出的肉汁风味以及感觉要融化的口感等来感受美味。

决定食物美味的关键因素中，重要的味觉信息是靠口中的味蕾来感受的，味蕾中有味细胞，可以接受味觉刺激而兴奋，然后把信息通过味觉神经传送到大脑。在人的大脑中进行呈味物质及味道浓度的识别，例如“这个五花肉有清淡的甜味”“内脏烤焦的地方感觉有点儿苦”“椒盐牛舌上多涂点儿柠檬的酸味会恰到好处”等。此外，味觉以外的嗅觉、视觉、听觉、触觉等信息也被传送到大脑，与味觉信息综合成完整的美味感受。

美味的食物、让人感动的食物、铭刻于记忆中的食物会大大刺激由味觉、嗅觉、视觉、听觉、触觉组成的人的“五感”，也就是说这些食物会刺激大脑。

要烹制美味食物，必须讲究食材或烹饪方法等。但美味并不存在于食物本身，只有在食用者的大脑接收到美味信息时才会产生美味。因此，考虑食用者如何感受这道菜品，与考虑精选食物用料、严格按照食谱烹制食物是同等重要的。

想给自己珍视的人烹制食物时，不仅要考虑食物的风味或外观，实际上还有很重要的一点就是，必须考虑用餐时的氛围、个人平常养成的饮食习惯等。可以说，尽可能地考虑对方的心情，才是做出令人感动的美味的原动力。随着脑科学的发展，目前已到了必须重视作为“美味终端”的脑的作用的烹饪时代。

大脑品味到的美味

从舌头到大脑的美味信息“传话游戏”

从吃食物到感到好吃的过程，就像是把食物的信息传递到大脑的一种“传话游戏”。

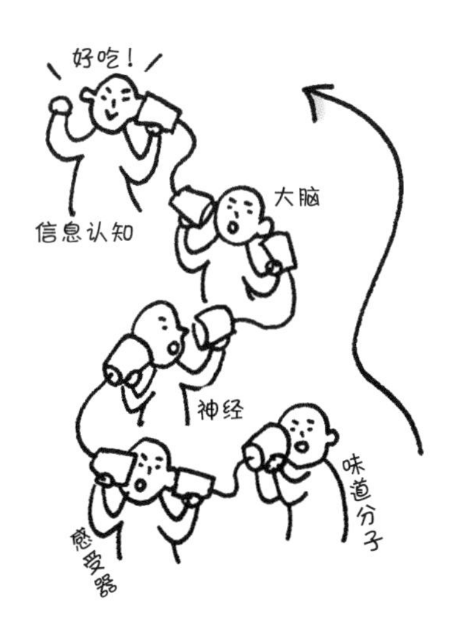

食物中富含的各种各样的味道分子，是对舌头味蕾的味细胞表面的味觉感受器起作用的。味道分子群对感受器起作用时，味细胞把信号传送到神经细胞，并最终传送到大脑。更具体地说，味道分子被变换成细胞内的各种各样的信息传送物，最终传送到大脑，然后被处理为“好吃”“太咸”之类的信息。就是说，味道的信息是按照“味道分子→感受器层面→神经层面→脑功能层面→认知 / 感知层面”这种顺序传送的。

向大脑进行的“传话游戏”，不仅限于味觉，吃东西时的嗅觉、视觉、听觉、触觉信息也同时被传送，各种各样的感觉就像亚马孙河支流和主流进行合流那样，被汇合成综合的信息，然后大脑就会产生“这个蛋糕真好吃”“咖喱饭再来一碗”之类的感受。

只要刺激大脑就可以品味食物？

实际上，最终品味食物的不是我们的舌头，而是作为终点的大脑。从吃到食物，到大脑识别出这是什么食物，要经历怎样的旅途呢？让我们以吃吉士布丁为例：

用勺子舀出布丁放入口中，构成布丁的味道分子就会刺激舌头，砂糖的甜味、焦糖部分的苦味等味觉信息被转换成神经冲动，传达到大脑。似乎要融化的口感、布丁冰冷的温度等信息也作为电信号被传送出去。我们参照图 2–1 来确认一下这个过程。

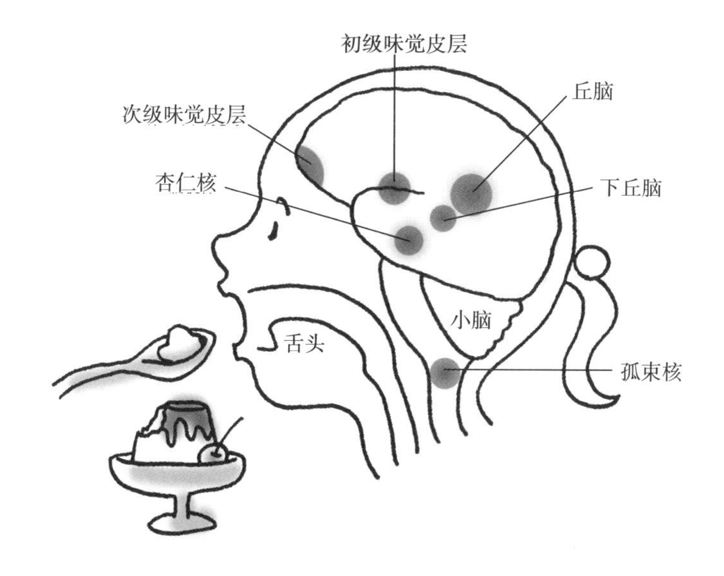

图 2–1　味觉信息的神经传送途径

（图示参考：山本，2001）

给口中或舌头造成的刺激，首先被传送到可以说是大脑入口的延髓中的孤束核。从孤束核的上面开始按顺序依次感受各种信息，先通过舌尖感受布丁的甜味、舌根感受苦味、咽喉感受布丁的口感，然后感受消化道等内脏的信息。在信息到达孤束核的阶段，还没有进行喜欢或讨厌的判断，而是引起“味觉反射”。味觉反射就是品尝食物的瞬间，脸部发生的表情变化、分泌的唾液或胃酸。

孤束核的信号通过与味觉反射不同的途径——丘脑向大脑皮层味觉区传送，并传送到杏仁核和下丘脑。在大脑皮层的味觉区有初级味觉皮层和次级味觉皮层，分别承担着不同的重要作用。在初级味觉皮层进行“甜味不足，有点儿苦”的味觉感知，在次级味觉皮层进行“这是以前从没有吃过的布丁”这种关于味觉的认知和学习，在杏仁核进行“喜欢这个布丁”的感情和味道的评价，进而在下丘脑进行

“再吃一个吧”这种关于进食的开始、继续、停止等的信息处理。

当然，在吃了布丁后，知道这是布丁，仅限于以前曾吃过布丁的情况。食物的味道是不是被记忆在大脑的某处，目前还不是很清楚。但我们知道在感受视觉信息的大脑视觉区，有对婴儿的脸起反应的神经细胞，即“婴儿神经细胞”群。同样，我们可以认为，在味觉区可能也存在像“布丁神经细胞”或“拉面神经细胞”之类的、对过去曾体验过的食物发生反应的神经细胞群。

吃布丁时，布丁在口腔中会变成碎块，布丁的风味、口感等信息也会被分散。这些分散的信息传送到延髓的孤束核、大脑皮层的味觉区等，作为布丁特有的“神经网络兴奋模式”综合信息，大脑通过与过去的信息进行核对，最终将其识别为布丁。如果这个布丁的神经刺激模式能够再现的话，即使实际没吃布丁，也可以用大脑感受布丁的味道吧。就是说，只要给大脑某种刺激，就可以品味那种食物。虽然目前这个想法还处于幻想阶段，但也许今后的某一天这将会成为现实，只要在大脑里重新播放充满回忆或令人感动的食物记忆，就能感受到这种食物的味道。

产生喜欢或讨厌情绪的原理

既有大多数人都觉得好吃的食物，也有像西芹那种有人喜欢有人讨厌的蔬菜。有自己喜欢但别人讨厌的情况，也有与之相反的情况。即使吃同样的食物，对美味的判断也会受个人主观判断的影响。虽然食物的综合性美味理所当然地会受到个人成长环境、饮食文化、个人的饮食体验、先入为主的观念等的影响，但从科学的角度来看，大脑到底为什么会对美味的判断产生个人差异呢?

我们认为这与大脑对食物的“喜欢”或“讨厌”信息每天进行着更新有关。吃东西时五感所感受到的刺激，被传送到大脑皮层的各个感觉区。各感觉区的信息，在大脑皮层的联合区进行整合。人类大脑的这个部分和其他动物相比，是特别发达的部分。另一方面，这些信息也被传送到大脑中心部位，被属于边缘系统的杏仁核接收。杏仁核虽然是判断“喜欢 / 讨厌”的重要部位，但它是通过相邻的海马体，和记忆信息进行核对后再做出判断的。这里做出的判断再次被传送到大脑皮层的联合区，在影响综合判断的同时，通过海马体，作为新的记忆被保存下来。

换言之，我们对美味的判断，可以被看作一种双重构造：在边缘系统（旧脑）的杏仁核进行的，作为动物最基本功能的“快乐 / 不快乐”判断；在人类明显比较发达的大脑皮层（新脑）的联合区进行的，根据文化、习惯、个人等以往经验进行的“美味”判断。这两种判断被相互的信息深刻地影响着。杏仁核进行的是安全性判断等本能反应，与之相对应，大脑皮层进行的可以说是情绪性反应。

在杏仁核感受到的先天性美味感觉和大脑皮层感受到的后天性美味感觉的相互争斗中，到了现代，由于饮食信息的泛滥，在对美味的判断上，也许大脑皮层的联合区占据优势。

之所以有谁都觉得好吃的食物和明显有喜欢或讨厌之分的食物，是因为大脑对食物的嗜好信息虽然处于天生的喜欢或讨厌状态，但通过作为后天因素的学习，信息会不断进行“版本升级”。通过反复经历在愉快气氛中食物会变得好吃等的“味觉嗜好学习”，吃了某种食物后会因肚子痛等结果变得讨厌这种食物的“味觉厌恶学习”，一个人的口味会逐渐形成。

对食物的进退两难让人类感到纠结

为什么会想吃不同寻常的东西？

很多人大概都有过因一直持续单调的饮食而丧失食欲的经历吧。从营养学的观点来看，为防止持续单调饮食导致营养不平衡，这是有必要的保护机制。实际上，如果身体缺少所需的某种营养成分，就会特别想吃含有这种营养成分的食物，吃了以后会感觉很美味。就像大量出汗后，会比较想吃咸的东西。

但即使是营养均衡的饮食，如果每天吃，无论是什么食物都一定会让人感到索然无味。厌倦了一种模式的饮食，就会想吃与往常不同的食物，究其原因，似乎有一种超越健康状况或营养平衡等生理性感觉的因素存在。

曾听一位新闻记者谈及，发生灾害后，日本自卫队在避难场所长期给受灾人员提供食物时，曾一周内反复提供固定不变的食物。如果以一周为周期安排饮食菜单，食材供应或烹调方式就可以常规化，也不用担心营养方面出现偏重，所以这是合理的安排方式。但提供这种饮食后，受灾人员逐渐吃腻了，自发地离开避难场所自己做饭的人越来越多。这一现象的背后究竟有什么原因呢？

近几年，在心理学或行为科学的领域，提倡一种假说：如果人类对单调的饮食感到厌倦，对食物就会追求更加不同寻常或微妙的差异。这种观点是说，通过吃与平时不一样的食物，来感受在平时的饮食上感受不到的一点期待或惊喜，这种欲望可能是人类的固有心理，也就是说人类大脑具备的本能。我们对食物感到厌倦，追求微妙的差异，其原因究竟何在呢？

新的食物让人害怕，但还是很想吃

人类本就是吃各种各样食物的杂食性动物。与之相比，熊猫只吃竹叶，考拉只吃桉树的叶子。从动物的生存战略来考虑，杂食性动物在处于困境、难以获得平时吃惯的食物时，能够改变嗜好换成其他可吃的食物，从而摆脱饥饿，提高生存的概率，可以说杂食性动物是环境适应性较好的生物。

但另一方面，新发现的食物可能有毒或者营养成分不均衡，会损害健康，最坏的情形可能导致死亡。因此，对于野生的杂食性动物来说，食用新发现的食物时，必然同时也承担着风险。

也就是说，杂食性动物天生就同时具有两种互相矛盾的行为倾向，即对以前没吃过的食物犹豫要不要吃的“新食物恐惧”和积极想要吃的“新食物嗜好”。想吃常规食物的同时，也想吃不同寻常的食物，这种进退两难的困窘是只有杂食性动物才会有的情绪吧。像植食性动物大象或河马、食肉动物老虎或狮子，这些只吃特定种类食物的单食性动物是感受不到这种烦恼的。

我们对饮食的欲求在这种“保守”和“革新”之间摇摆不定。被问到“今晚吃什么？”时难以决定，也许就是因为其背后存在这种只有杂食性动物才有的纠结。

分子烹饪是杂食性动物的福音

解决杂食性动物的新食物恐惧和新食物嗜好两难纠结的，是人类的烹饪行为。

对没有吃过的食材，比如端上来一份整只的烤青蛙，很多人都会抱有一种抗拒感；但如果把它烹制成常见的油炸鸡肉块那样，吃的人大概会急剧增多。如果是用平时常用的调味料调味的食物，也许就会得到“啊！出乎意料地好吃！”之类的好评。人类这种烹饪操作对缓和食用新奇食物时的恐惧非常有效。

我们的祖先在超越了恐怖的好奇心驱使下，把以往没有吃过的东西不断纳入自己的烹饪法中，不断添加新的饮食内容。通过烹制食材，把不能直接食用的食物变成能食用的食物，甚至有毒的食物进行解毒后也能够食用。例如，作为热带、亚热带地区重要主食的木薯（西米的原料，木薯属）中，就含有一种叫作亚麻仁苦苷的有毒的含氰苷物质，人类在加工或烹制过程中把这种毒性成分完全清除，成功地使其可食用化。再例如，石川县的地方菜中，把含有剧毒河豚毒素的河豚卵巢用盐或米糠腌制两年以上，去除毒素后使其成为珍馐美馔。人类长期以来形成的饮食文化，是构建在杂食性动物的挑战精神基础之上的。

此外，饮食杂志的畑中三应子编辑，把被“消费”的食物和流行服装、音乐、艺术及漫画等流行文化放在同一高度，称为“时尚食品”。提拉米苏、高纤椰果、红茶菌、芝士火锅、盐麹等，之前都曾有过时兴或不时兴的剧烈变化。这种对于食物追求时尚性的愿望，可能也是“编程设计”在杂食性动物大脑里的一种本能。

我认为，哪怕是为了回应杂食性动物的“总吃同样的食物会厌倦”“想吃新奇的食物”等这些可以说是根源性的欲望，通过分子烹饪学或分子烹饪法创造出以往谁也没有见过的新颖食物，也能避免人们对新食物的恐惧的发生，这是非常有社会性价值的。

专栏 4　神经美食学

英语中的前缀“neuro-”意为“神经的”或“神经学的”，带有这种前缀的词语正在不断增加。有 neuroeconomic（神经经济学）、neurofinance（神经金融学）、neuromarketing（神经营销学）、neuroethology（神经行为学）、neuroaesthetics（神经美学）、neurodesign（神经设计学）等。饮食领域，2011 年耶鲁大学教授、神经学家戈登·M. 谢泼德（Gordon M. Shepherd）也出版了书名为《神经美食学》（*Neurogastronomy*）的书。

“神经大繁荣”的背景是有着从脑神经科学的角度来理解人类的思考、行为和感情的期待或愿望。从大脑的活动能不能轻易地了解人的心情？我们在品尝食物时的大脑活动，可以通过脑功能成像法，对人进行无伤害的检测。通过其中的 fMRI（功能性磁共振成像）方法等，从脑活动分析到感情推理，今后都将逐渐成为现实。

如果把调酒师在品味葡萄酒时的脑活动和普通人做个比较，就会发现大脑活动的场所是不一样的。另外，目前还有针对肚子饥饿时和吃饱时的大脑活动部位的不同、男女对甜食反应的不同等进行的研究。

还有一篇论文，发表了通过位于大脑前额叶内侧的眼窝前额皮质预测愉快或不愉快的检测成果。就是说，通过测定大脑活动的模式，也许可以判断某个人对食物的好恶、对风格的好恶，甚至是对人的好恶。

在饭店之类的场所，什么样的场合应提供怎样的食物，顾客才会觉得满意，相比语言，也许通过对那个人大脑活动的检测能了解得更清楚。暂且不论这种方法的好坏，但通过这种方法，厨师可以把握顾客感受美味时大脑神经细胞的兴奋模式，然后就能烹制出让这种兴奋模式再现的食物。

今后在提供更加让人满意、更新颖、更美味的食物方面，生理学或脑科学之类的自然科学、心理学或行为科学之类的社会科学，以及这些文理科结合的知识会进一步被应用。对厨师来说，脑科学或心理学成为必修课的时代也许将会来临。

2 感受食物的滋味和气味

感受食物滋味的科学

舌头对味道分子的信号接收

在20世纪之前，很多人就对“我们是怎样感受食物味道的？”这个问题很感兴趣。1825年出版的美食家布里亚·萨瓦兰（Brillat Savarin）的《厨房里的哲学家》中曾有记述：“舌头通过其表面数量众多、分散各处的乳头，吸入含有所接触物质味道的可溶性部分。”布里亚·萨瓦兰认为，呈味物质是从舌头表面渗入的。

现在一般认为，与味道关联的分子首先通过味蕾接收信号，这才是感受味道的开始。如图2–2所示，在以舌尖为中心很大范围内的菌状乳头和位于舌根深处部分范围内的轮廓乳头或叶状乳头上，分布着数量较多的味蕾。另外，除舌头之外，柔软的软腭、咽喉的内咽部也有味蕾。

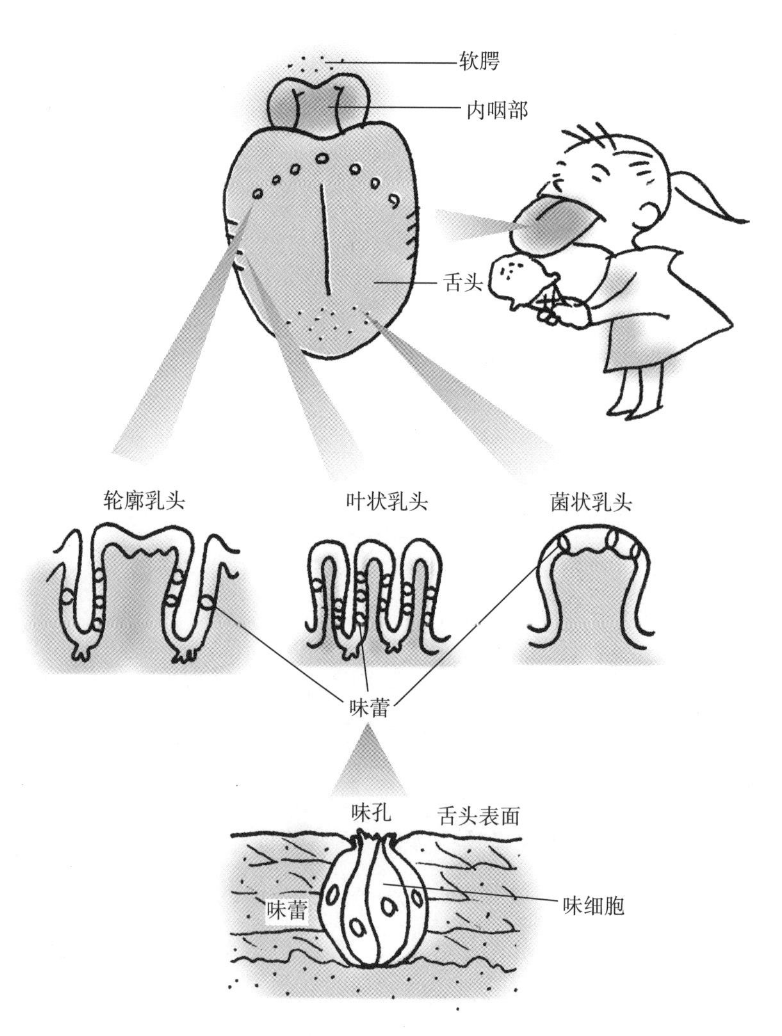

图 2–2　口腔内的各个乳头、味蕾以及味细胞

（图示参考：山本，1996）

味蕾是由 30~70 个纺锤形味细胞纵向集合在一起的、呈洋葱形状的很小的细胞集合体。味蕾的顶端开有小孔（味孔），和口腔中的唾液接触的只有这个味孔。食物中的味道分子溶入唾液，通过接触从味蕾顶端露出来的味细胞，使味细胞发生化学变化，经过复杂的信息传递，味道的信息被传送到大脑。

基本味只有5种的理由

甜味、苦味、酸味、咸味、鲜味之所以是较科学的基本味，是因为这些味道能被大脑清晰认知，而且通过分子生物学的研究发现，这几种味道事实上都分别有各自的味觉感受器。日本人发现的鲜味被国际认可，主要也是因为已从科学角度证明了人类拥有感受这种鲜味的感受器。

具有甜味、苦味、鲜味的物质通过味细胞的细胞膜中的“G蛋白偶联受体（7次跨膜受体）”被感知，酸味和咸味物质则作用于在味细胞膜上进行着离子流动的离子通道。（如图2–3）

图2–3　基本味的感受器

目前还发现，口腔中有对钙发生反应的感受器和对油的构成成分——脂肪酸发生反应的感受器，所以钙味、油味有可能成为第六、第七种基本味。要成为基本味，其神经回路或脑活动部位必须是与其他基本味不同的，而要证明这些非常不易。

另一方面，日常感受到的味道中的辣味，不是通过味蕾，而是通过位于味蕾附近的自由神经末梢来感知的。辣味与痛觉、温度感觉一样，是通过三叉神经而非味觉神经来传递的，与通过味觉神经传递的味道是不一样的，所以不纳入基本味的范畴。

此外，距今 100 多年之前，曾有人发表过一个舌头的“味觉地图”，认为基本味的感知度在舌头上的位置分布各不相同。据说舌尖感知甜味，舌头两侧感知鲜味和酸味，咽喉深处对苦味比较敏感。但最近的观点发生了变化，认为这个味觉地图未必正确。

通过用人类感觉对食物特性或质量进行评价的感官检测发现，舌尖并不是仅对甜味特别敏感，而是对甜味、咸味、酸味、苦味、鲜味都能敏感地感知。舌头两侧也不仅是感知咸味或酸味，而是对所有味道都敏感。此外，还有研究报告称，舌根深处对苦味敏感，这跟以前的观点一样；但舌根同时也对酸味、鲜味很敏感。

随着年龄增长而味觉衰退的原因

一般认为，味觉会随着年龄的增长而衰退。以健康的年轻人和老年人为对象进行味觉检测，检测报告称，从 60 岁左右开始味觉的感知度会出现下降趋势。当然，这是因人而异的，其中也有跟年轻人没什么区别、味觉非常敏感的老年人。

从使用辣味成分进行的刺激触觉的实验中发现，通过感受器把刺激传送到中枢的能力并不会随着年龄增长而下降，与中枢神经的信息处理能力问题相比，味觉衰退可能跟味蕾的变化关系更大。

研究认为味蕾的数量会随着年龄的增长而减少。婴儿的味蕾多达 10 000 个，不仅舌头上有，脸颊内侧的黏膜和嘴唇黏膜上也有。随着婴儿的成长，味蕾会减少，成年人的舌头上味蕾大约有 5 000 个，其他部位约有 2 500 个。一般认为从 75 岁开始，味蕾数量会明显减少，但在动物实验中，也有报告称味蕾在年龄增长过程中没什么变化，所以关于这个问题目前还没有明确的结论。如果与味蕾的数量无关，那为什么会出现随着年龄增长而味觉感知变迟钝的现象呢？ 这可以从形成味蕾的味细胞的运转中找到提示。

味细胞的寿命很短，据说一般约为 10 天。味细胞寿命终结时，细胞周围的上皮细胞会进入味蕾内，分化成新的味细胞。旧的味细胞消失，新的味细胞生成，这种运转不断地重复。所以有研究认为，可能年龄大了以后，即使味蕾的数量变化不大，但这种运转速度变缓了，结果就会导致味细胞的机能下降，也就是说味觉感知变迟钝了。这与构成皮肤的细胞随着年龄增长运转变缓，皮肤表面就会出现明显的皱纹是同样的原理。

感受食物气味的科学

气味难以形容的原因是感受器太多？

很多人都有过由于感冒或鼻炎之类导致鼻塞，无法感知食物的味道，然后完全感觉不到美味之类的经历吧。感知食物的美味时，除了滋味，气味也起着非常重要的作用。

空气中飘浮的气味分子，被位于鼻腔黏膜内的嗅上皮中的嗅觉细胞捕捉到，这个信息通过嗅神经传送到大脑。在嗅觉细胞顶端的嗅觉绒毛上，与味蕾中的基本味感受器类似，有和气味分子结合的嗅觉感受器，根据气味种类的不同，各种不同的感受器会分别发生相应的反应。（如图 2–4。）

嗅觉感受器的构造与味蕾中 5 种代表性基本味感受器的构造不同。人体中大约有 390 种不同的嗅觉感受器，以数百万个单位的形式存在。一般认为，数十个嗅觉细胞只要和 250 个气味分子结合，就能感觉到气味。此外，某种特定的物质并不是仅与特定的感受器结合，也可以是几个类似的分子进行结合，所以嗅觉感受器能够对大多数香味起反应。

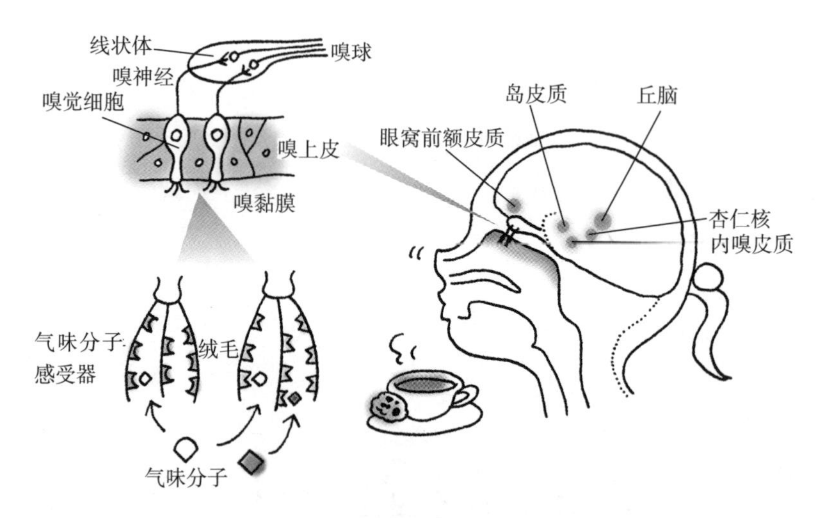

图 2–4　嗅觉信息的感知和神经传送途径

（图示参考：森，2010）

刺激嗅觉的食物容易留在记忆中

普鲁斯特（Proust）的《追忆似水年华》中有一段非常有名的描述："把在红茶中浸过的玛德莱娜蛋糕放入口中的瞬间，不由得回忆起往昔遥远的幼年时代。"这种体会大概任何人都曾有过吧。通过食物的香味、鲜花的芳香、香水的分芳等，能清晰地回忆起以前开心或悲伤的往事，这被称为“普鲁斯特效应”。与食物的滋味相比，这种气味或香味更能唤醒旧日的记忆，使人被情感深深打动，其中一个重要原因就是大脑中感受气味的结构和感知滋味的结构不同。

如图 2–4 所示，嗅觉细胞传送过来的气味信息进入大脑，被送到嗅球的线状体部分。从嗅球传来的信息通过内嗅皮质进入边缘系统，还会从边缘系统传送到位于颞叶深处的岛皮质、丘脑等部位。据目前的研究发现，气味信息被大量传送到大脑皮层的眼窝前额皮质。眼窝前额皮质位于前面提到的次级味觉皮层的位置，这里的神经元把食物的滋味信息、气味信息，以及温度和口感信息通过特别组合搭配后进行汇总。因此，味道、香味、口感的整合是在眼窝前额皮质进行的。

嗅觉信息与味觉信息不同，是从嗅觉细胞直接传送到脑内的，之后也不用经过几个阶段的传递，而是直接传送到大脑的高位中枢。一般认为，因为信息是被投射到主管喜欢 / 讨厌或记忆的杏仁核等部位附近的，所以气味容易影响情绪或记忆。

此外，嗅觉在五感中也居于突出地位，灵敏度高，非常敏感，可以说是记忆力很强的一种感觉。这与味觉、视觉是不同的，因为从位于鼻黏膜的感受器发出的信号直接进入大脑，所以与其他感觉相比，“杂音”可能很难进入嗅觉。嗅觉这种灵敏性的原因，可以从野生动物在食物入口之前，会通过腐烂的气味判断食物的安全性从而保护自身这个背景因素来解释。

通过操控嗅觉来烹制深藏于记忆中的食物

食物是通过五感来品味的，有人认为是以嗅觉为主的。五感大致可以分成远距离感受性感觉和近距离感受性感觉。远距离感受性感觉是指视觉或听觉等，是即使与感受对象隔开一段距离也能感知到的感觉；近距离感受性感觉是指味觉或触觉等，是身体必须与实际的东西碰触后才能感知的感觉。

利用眼睛或耳朵等感知的远距离感受性感觉，对野生动物来说，能在隔开一段很远距离的情况下尽快地发现食物或伙伴，并且还能防备外敌、保护自身。但对于我们人类来说，经常会通过杂志或网站找到自己觉得不错的饭店的食物，然后实际品尝后却觉得略有不如人意之处，所以仅靠视觉或听觉获得的信息有时不一定客观。

与之相比，利用嘴巴感知的近距离感受性感觉的正确性和真实感就非常强，给婴儿吃甜的东西或鲜味很浓的东西，婴儿脸上会显露出微笑的表情。皮肤感受到触觉的情况也是如此，温柔的触摸会让婴儿有很舒服的感觉，但如果粗手粗脚地对待，婴儿则会表现出强烈的厌恶情绪。这种反应有着一种生动感，而这种生动感单靠视觉或听觉是无法感受到的。

鼻子的嗅觉可以说是正好介于远距离感受性感觉和近距离感受性感觉之间。作为嗅觉对象的气味分子，即使隔开一段距离也能够感受到，但气味飘散的范围是有限的，所以气味分子必须限定在附近的某一范围内。

与视觉或听觉相比，嗅觉能引起强烈的情绪。气味会对人的心理产生作用，具有让人在无意识中改变自己行为的力量。例如，有研究报告称，薄荷或咖啡的香味可以缓解人的精神压力。这种缓和压力的作用，并不是对任何人都有效，只对能正确识别薄荷或咖啡的香味并对此感到愉悦的人才有效。也就是说，这种效果不是芳香分子的药理作用，而是心理作用。

另外，最近流行着一种把气味作为商务促销手段的趋势。很久以前，就有过烤鳗鱼店或鸡肉串烧烤店等故意使香气飘到店外，然后把香气作为宣传广告的手段。在烹制食物前，必须考虑怎样才能驾驭气味，让食用者满怀期待并感到满足，这对决定该食物是否受欢迎、能不能在食用者的记忆中留下印象非常重要。

滋味和气味的相互作用

妈妈烹制的“味道”其实是妈妈的“气味”！

有一个用柳橙汁和葡萄柚汁进行的简单实验：闭上眼睛堵住鼻子，然后喝一口，猜一下是哪种果汁。我让学生们参与了这个实验，结果很多人都犹豫不决。再用苹果汁和桃汁进行实验，意外地发现这两种果汁也让人难以区分。果汁的酸味和甜味强度基本相同，如果堵住了鼻子，无法感知柳橙或苹果所特有的香味，就很难区分这两种果汁。

这个实验可以让我们亲身体会到，我们平常感觉到的所谓“柳橙味”或“葡萄柚味”实际上不是“滋味”，而是“柳橙的气味”或“葡萄柚的气味”。

另外，根据美国的耳鼻咽喉科学方面的统计，在对到医院来诉说“感觉味道怪”的病患进行诊疗时，发现很多人不是味觉有问题，而是嗅觉出现了异常。从这些事例中可以了解到，很多时候，我们所说的味道不是滋味，而是气味。所以，记忆中妈妈的味道或让人感动的、充满回忆的味道，很可能也不是滋味的记忆，而是气味的记忆。

海豚无法感知“风味”

一般认为我们喝咖啡时，喝之前用鼻子吸入的香味是“芳香”（aroma），喝过后从喉咙穿过鼻子的香味是“风味”（flavor）。味道是指品尝食物时感受到的主要由口味和风味混合在一起的综合性感觉。尽管风味对食物味道的贡献度和口味是同等的，甚至更大，但为什么一般都认为口味比较重要呢？有人指出，其中一个原因在于解剖学结构的重要性。

我们知道人类和海豚感受气味的途径是不一样的。人类有分别感受芳香和风味的两种途径，而海豚因为鼻腔和口腔不连在一起，所以只能感受芳香。直接用鼻子吸入空气中的气味分子而产生的嗅觉被称为“前鼻腔性嗅觉”；将食物放入口中，食物的分子从咽喉穿过鼻子而产生的嗅觉被称为“后鼻腔性嗅觉”。

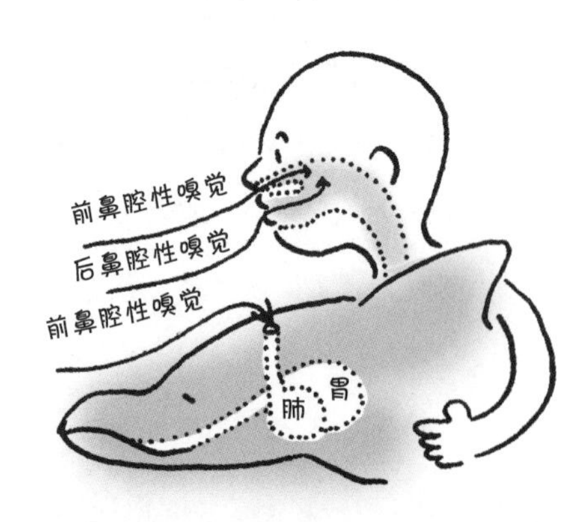

人类的构造特征是，口腔中发散出来的气味，经过喉咙深处时鼻子能够感受到。所以人类能够同时感知滋味和气味，可能这就是导致人类难以区别滋味和气味的原因。

滋味和气味的相互作用创造了饮食文化

滋味和气味被综合后再形成风味的意义还在于，这是进化过程中的一种生存战略。虽然基本滋味只有 5 种，但通过与号称有几十万个种类的气味信息组合，可以帮助人类在食用前对食物进行更详细的判断，其结果可以提高在选择可摄入食物或应避免的食物时的可靠性。因此，在生存问题上，滋味和气味的相互作用至关重要。

嗅到咖喱的辛辣香味时，大多数人都能想象出咖喱的味道吧。像这种通过特定的气味就能联想到其滋味的情形，说明嗅觉和味觉是同步的。在烹制美味食物这个问题上也是一样，滋味通过味觉、气味通过嗅觉，两者分别给不同的感受器以刺激，所以如果能掌握不同感觉之间是如何相互作用的，也许就可以找到制作美食的灵感。例如，通过焦糖的甜味气息，焦糖口味的茶会让人有一种甜味更甜的感觉，这样可以减少糖分摄入却不影响甜味带来的满足感。还有，通过在减盐酱油中添加酱油气味，消除咸味不足的感觉，这可以理解为酱油的气味加强了咸味。

食品的风味与各种各样的感觉有关，仅从味觉和嗅觉来看，就与很多滋味分子和气味分子相关。这些分子的组合搭配，会在食物中产生巨大的相互作用。

专栏 5 鲜味相乘效应

从海带和柴鱼片中提取的高汤是日本料理的基本。品尝精心熬制而成的高汤时，脸上会不由自主地露出微笑。

把海带高汤的鲜味成分谷氨酸和柴鱼片高汤的鲜味成分肌苷酸搭配在一起，鲜美味道就会增强，这种“相乘效应”是从古代开始就拥有的智慧。只有 1 分美味的海带和只有 1 分美味的柴鱼片混合在一起，高汤的鲜美度可以增加到 8 倍。还有，香菇之类菌菇中含有的肌苷酸和同一核酸系的鸟苷酸，通过谷氨酸的搭配结合，鲜美度也可以增强到 30 倍。也就是说，混合高汤可以制造“1+1=8”或“1+1=30”的奇迹。

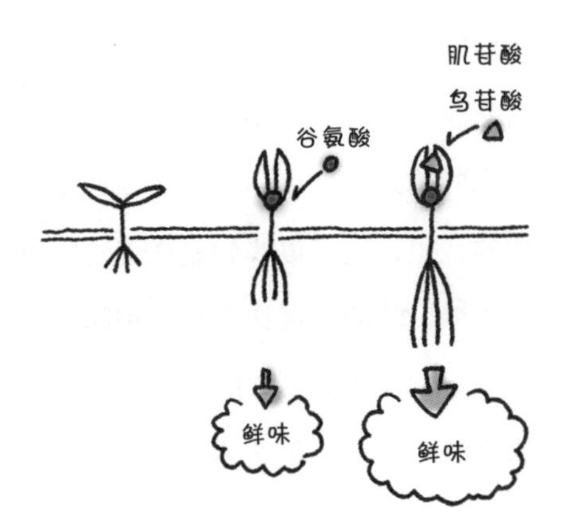

为什么海带和柴鱼片或香菇搭配在一起，味道会变得更鲜美？以前这一直是个谜，但现在其相乘效应的分子原理逐渐得以阐明。

感知美味的感受器 T1R1（一种 G 蛋白偶联受体，与味觉有关）呈现豆子长出芽以后的双叶形状。谷氨酸和肌苷酸究竟是与双叶的哪个部分结合？ 通过特殊的细胞对此进行验证，发现两者结合的部位是不同的，谷氨酸与双叶分支处的根部结合，肌苷酸与双叶的顶端结合。与肌苷酸结合时，两片叶子就会变成紧闭的构造，这样谷氨酸就会比较稳定地停留在感受器中，所以美味信号就会传送到细胞内更深处，味道就会增强。

鸟苷酸美味增强的分子构造也基本一样。双叶的谷氨酸感受器和鲜味成分谷氨酸结合，把鲜味信号传送到神经的“开关”，就会从关闭状态变为打开状态，最终大脑就感受到美味。研究发现，如果在结合了谷氨酸的双叶中，再进行鸟苷酸和双叶顶端的结合，通过一种被称为“别构效应”（allosteric effect）的感受器构造变化，信号的打开状态会趋于稳定化，并能通过长时间的保持，感受到更加强烈的鲜美味道。

利用这种鲜味相乘效应，使用富含鲜味成分的自然食材或加工食材，一家名为“美味汉堡包”（Umami Burger）的汉堡包店出现在了被称为“汉堡包圣地”的美国。

这种汉堡包的菜谱也被公开，配料中有着强大的鲜味阵容：通过炒熟来增加鲜味的牛肉泥、用黄油炒的香菇、用帕尔马干酪烤制的帕尔马薯片、用烤箱烤制的干西红柿、把洋葱炒 40 分钟以上制作而成的“焦糖洋葱”等。调料也是完全用鲜味很强的各种材料混合制作的鲜美佐料，其中有用圣马扎诺西红柿或番茄酱制作的鲜味番茄酱、凤尾鱼、老抽酱油、伍斯特郡酱等。凤尾鱼富含肌苷酸，并且富含发酵过程中从沙丁鱼的蛋白质中分解产生的谷氨酸，所以仅凤尾鱼来说就是鲜味相乘效应很高的食材。

要解析鲜味相乘效应的原理，重要的一点是必须从分子层面来理解肌苷酸或鸟苷酸，明白它们作为提高美味感觉的“鲜味增强剂”是如何起作用的。此外，从应用角度来说，通过这一效应就能实现像“美味汉堡包”这样符合科学道理的烹调或调味，进而找到更高层次的食物调味法吧。

3 感受食物的质地和温度

和风味组成“美味双璧”的质感

“织入”食物中的美味——质感

外表烤得酥脆，里面松软筋道的法国面包；表面是斑驳开裂的馅饼材料，但同时保留了红玉苹果甜脆的口感，有着这种鲜明反差特征的苹果派；在盛夏或空气干燥的季节，口感清爽、辣辣地刺激着喉咙的苏打饮料或啤酒……对于这些食物，即使味道和香味与原来一样，但受潮的面包或派、漏气的啤酒或可乐，会让人觉得不好吃。

影响食物美味的不仅是舌头或鼻子感受到的风味，入口时牙齿的咬嚼感、口味、舌头的感觉、吞咽食物时喉咙的感觉等物理性触感的影响也很大。食物进入口中以后，从咀嚼到吞咽的过程中，嘴唇、牙齿、舌头、上颌、喉咙等感觉到的各种各样的物理性感受，被称为“质感”（texture）。这是从原意为“纺织”“编织”的拉丁语“texo”派生出来的词语，常被用来表达“织物的手感”。

对“质感”这个词很难下定义，社会上有各种各样的观点。1962年在美国通用食品公司工作的西斯尼亚科（Szczeniak）提出，“质感包含两个部分：食品的构造性要素（分子层面、微观或宏观层面的构造）和生理感觉”。也就是说，质感是由吃东西时人的口腔感受到的物理性感觉——“口感”（mouthfeel）、食物本身所有的物理性质——“物性”（physical property），二者组合而成的。用公式来表示，即“质感 = 口感 + 物性”。

质感对风味有影响

假设用舌头感受到的甜味、咸味、酸味、苦味、鲜味等味觉和用鼻子感受到的香味形成的是“化学性美味”，那么用嘴唇、口腔、咽喉、牙齿等感受的质感可以说是反映了食物的“物理性美味”。质感和风味被认为是共同影响食物美味的两大重要因素。

根据食物的种类不同，化学性美味和物理性美味的贡献度也各有不同。一般认为，对于用牙齿咬着吃的饼干等固体食物，质感的影响力很大；对于可以直接喝的果汁之类的液体食物，风味的影响力比较大。

此外，作为风味成分的滋味或气味分子一般不改变食品的质感；但质感可以改变食品中的滋味或气味分子在口腔中的扩散速度，所以间接地导致了风味的强弱变化。例如，用赤小豆做的固体豆沙的糖分含量大约高达 60%，但如果是同样糖分含量的液体年糕小豆汤，就会让人感觉太甜，所以小豆汤的糖分含量要控制在比豆沙低很多的程度。

一般来说，食物的口感越硬，风味越会有变弱的倾向。产生滋味或香味的成分，就会难以到达与之相对应的感受器。在煮不容易入味的胡萝卜或牛蒡等硬的根菜类、黏稠的咖喱之类时，与煮容易入味的包心菜、白菜这种叶状蔬菜或汤咖喱时相比，其关键应该在于调味相对要浓稠一点儿吧。

固体食物比液体食物在口腔中停留的时间要长，这期间的质感时时刻刻都在变化。因此，我们可以认为质感对食物的美味起的物理性作用比风味要大。

日本料理对质感的极致追求

作为日本人主食的米饭，其恰到好处的硬度、弹性和黏度左右着米饭的美味程度；还有小鱼和炒豆腐的嚼劲、金枪鱼肥美腹部和富含脂肪的日本牛肉的嫩滑口感、脆饼和烤海苔咬起来脆脆的感觉、天妇罗的表皮油炸面糊的酥脆口感和裹在中间的食材多汁感的反差等，日本料理中质感所起的作用，可以说超乎人们的想象。

尤其是日本人的饮食文化，还被称为“喉感文化”，像吃乌冬面、荞麦面、凉粉和蒸鸡蛋羹等时，人们可以享受其通过喉咙时的各种感觉。在日本料理中，类似的食物很多。美食记者在形容食物的味道时，会更多地使用“松软”“嫩滑”等形容口感的词汇，而非形容滋

味或香味感受的词汇。

据实际调查，日语中形容质感的词语有松脆、溜滑、弹滑软嫩、干巴巴等，比其他语言中的同类词要多得多。一个很有名的调查报告称，美国人用在质感上的词合计 75 个，与之相比，日本人使用的词是其 5 倍以上，多达 406 个。

日语中形容质感的词汇之丰富，不仅说明日本料理中有丰富多彩的质感，更说明日本人对口感有着敏锐的感受，并拥有表现这些感受的技术。日本料理的质朴以及像非常细腻的水墨画那样的鲜美，可以毫不夸张地说，其关键在于质感。

质感的真相

质感有各种各样的特性

具体来说，质感究竟形容何种食物呢？ 前文中提到的西斯尼亚科认为，质感的特性可以分为力学特性（硬度、凝聚性、黏性、弹性、附着性）、几何学特性（粒子的大小和形状、粒子的形状和方向性），以及其他特性（水分含量、脂肪含量）。

例如，赞岐乌冬面的硬度、弹性、脆度等力学特性影响着其独特的筋道口感。还有，乌冬面表面的顺滑口感也关系着通过喉咙时的滑润感。

在炎热的夏天，把煮熟的马铃薯压碎，然后用鲜奶搅拌稀释、冷藏后再食用的维希奶油冷汤，是马铃薯的细胞变成零散的粒子分散到水中的一种汤，口腔感觉到的粗颗粒感就是其细胞粒子几何学特性的显现。如果汤里没有这种颗粒感，是因为马铃薯的细胞被破坏了，从里面流出淀粉，汤变成黏稠的口感，就会让人感觉不好吃。

感受质感的感官结构

我们是如何感受这种质感的呢？

对质感的感觉可以大致区别为皮肤表面感受到的触觉（或压觉）和深层感觉。味觉是只有身体中的一部分，如舌头等才能感知的感觉；而触觉是不仅口腔内，皮肤的表面等也可以感知的感觉。一般把味觉这种只有身体的特定部位才有感受的感觉称为“特殊感觉”，把像触觉那样身体表面任何部位都能感知到的感觉称为“躯体感觉”。

口腔中感知的躯体感觉信息，在下颌通过三叉神经感觉核、在舌头通过舌下神经核、在脸颊或嘴唇通过面神经核传送到丘脑，然后被投射到大脑皮层的第一躯体感觉区。第一躯体感觉区关系到与质感有关的位置、大小、形状的识别，躯体感觉在颞顶联合区与味觉、嗅觉、视觉等其他的感觉信息结合，并和被身体记忆的信息进行核对。

另外，我们平时可能没有注意，把食物放入口中咬嚼、吞咽的

“咀嚼－咽下”过程，是让嘴巴或喉咙周围的肌肉进行协调动作的复杂运动。目前已了解的是，这种咀嚼－咽下的运动会根据所吃食物的物性或大小自动变换，并随着咀嚼的进行动态地发生变化。

质感时代的来临

有人喜欢硬一点儿的面包，也有人喜欢蓬松柔软的面包。任何人都有感知质感的感受系统，但根据经验、年龄的不同，感受到的质感也各不相同，所以每个人感受到的美味口感当然也不一样。每一种食品都有最合适的形状，不同的人对质感的最佳感受也各不相同。

此外，质感还影响食物的食用方便性。就像能方便食用的软管食品、针对婴幼儿或老年人的食品、护理饮食等，市场上销售着很多这样灵活改变质感的食品。要烹制美味的食物，就必须考虑食品的质感有着何种特性、这种特性对人的感觉有怎样的影响、怎样才能让食用者感知等问题，这些都非常重要。

温度的味道

风味根据温度的不同而变化

冰镇的冰激凌很好吃，而融化的冰激凌会让人感到甜腻；大酱汤变冷后会尝起来太咸，大家有没有过这种感觉？食物的温度也是决定食物鲜美程度的一个重要因素。

就像冰激凌的例子，为什么温度不同甜味会发生变化？这是因为感受甜味的味觉细胞感受器发生的化学反应，随着温度不同发生了变化所导致的。在细胞膜上，甜味或鲜味对应的感受器，它的温度与体温相近，所以对温度的响应最灵敏；与之相比，咸味和酸味等的离子通道不太容易感知温度变化。

如果自己尝试做一下冰激凌，一定会发现做冰激凌所需放的砂糖量多到让人吃惊。这是因为把冰冷的冰激凌放在舌头上时，由于温度低，甜味感受器接收到的信号受到了限制。还有，大酱汤在温热状态下鲜味是正好的，随着温度下降鲜味会慢慢变弱；与之相比，咸味不太会随着温度的不同而发生变化，所以冷掉的大酱汤，只有咸味会让人感觉特别明显。

温度还会影响食物或饮料香味的散发方式。一般来说，温度上升时食物会散发出香味，嗅觉感受器就能感受到。从热乎乎的汤汁中会散发出大量香气分子，一般我们习惯用勺子来喝玉米汤或中式汤品，相比之下，直接拿着碗喝日本酱汤的方式才能呼吸到更多的香气。

如何感受温度？

与味觉不同，温度是身体表面任何部位都能感知的躯体感觉。

味觉是通过味道分子作用于味细胞，把信号传送到大脑的；但感知温度时，不需要味细胞那样特别的细胞。一般认为，温度刺激是通过对皮下神经末梢的直接作用来完成的。

对温度变化产生明显反应的神经纤维有两种，即在 40~45 摄氏度反应最明显的温纤维和在 25~30 摄氏度反应最明显的冷纤维，它们各司其职。这些神经在与人体温度接近的 30~40 摄氏度这个范围内基本没什么反应，所以我们通常在与体温接近的温度中是感觉不到热或冷的。

辣椒的“假发热”和薄荷的“假凉爽”

根据种类不同，有些食材吃了会让人感到热或感到凉爽，而且与食物的温度无关。在东方医学中，古代人们就知道有让身体暖和的阳性食材和让身体降温的阴性食材。要说能让身体暖和的东西，例如辣椒；让身体降温的东西，例如薄荷。这些都是大家熟知的，它们的作用原理现在逐渐被阐明了。

辣椒的辣味成分辣椒素与舌头上或口腔中叫作“TRPV1”（瞬态电压感受器阳离子通道，子类 V，成员 1）的感受器结合，就会传送辣味刺激。口中的辣椒素让人感到热辣辣的；被吸收到体内的辣椒素促进副肾皮质荷尔蒙（以肾上腺素为主的儿茶酚胺）的分泌，会促使身体发汗或发热。这个 TRPV1 不仅是辣椒素的感受器，同时还是接受热感刺激的感受器。也就是说，对于热和辣椒素这两种不同的刺激，身体会做出相同的反应。所以辣椒素的刺激应该说是实际上不热却能让人感到热的“疑似发热”“假发热”。

另一方面，与辣椒素相反，薄荷草或加工过的薄荷制品含有能产生凉爽感的成分“薄荷脑”，与身体表面感受冷感的感受器

“TRPV8”（瞬态电压感受器阳离子通道，子类 V，成员 8）结合，把冷感刺激传送到大脑，身体就会产生体温下降的回应。这也和辣椒素一样，薄荷脑的刺激实际上是“疑似发冷”“假凉爽”。

换言之，辣椒素或薄荷脑通过作用于与热感或冷感相关联的感受器，使身体做出相应的回应。实际上既不热也不冷，但大脑却做出了错误判断。如果同时吃发热的辣椒素和降温的薄荷脑，究竟会发生什么呢？我买来辣椒和薄荷叶进行了同时食用的实验，结果相互抵消，是一种混乱的、说不出的滋味。

专栏 6　为什么水果冰镇后会更甜？

“为什么冰镇水果比常温状态更甜？”“把喝冰咖啡时用的糖浆放入热咖啡，怎么会感觉到不太甜？”“冰镇清凉饮料很甜，但放在常温下怎么感觉不甜了？”大家有没有过类似的感觉？这些绝对不是错觉，而是有科学原因的。

研究发现，我们平常所说的砂糖是蔗糖，其甜度基本上不会随着温度的变化而变化；而水果、糖浆和清凉饮料中含有的果糖，则随着温度的变化，甜度变化很大。在温度为 5 摄氏度时，果糖的甜度是蔗糖的 1.5 倍；而在温度为 60 摄氏度时，果糖甜度只有蔗糖的 0.8 倍。由此可见，果糖的甜度会随着温度上升而急剧下降。

为什么果糖的甜味会随着温度上升变弱呢？这和果糖在溶液中的“形状”有很大关系。果糖中存在被称为 α 型和 β 型的两种立体异构体，它们的分子式相同但形状不同。而且 α、β 型两种果糖通过直链状构造，五角形的 α – 呋喃果糖和 β – 呋喃果糖，六角形的 α – 吡喃果糖和 β– 吡喃果糖共五种构造式的混合物状态而存在（如图 2–5）。

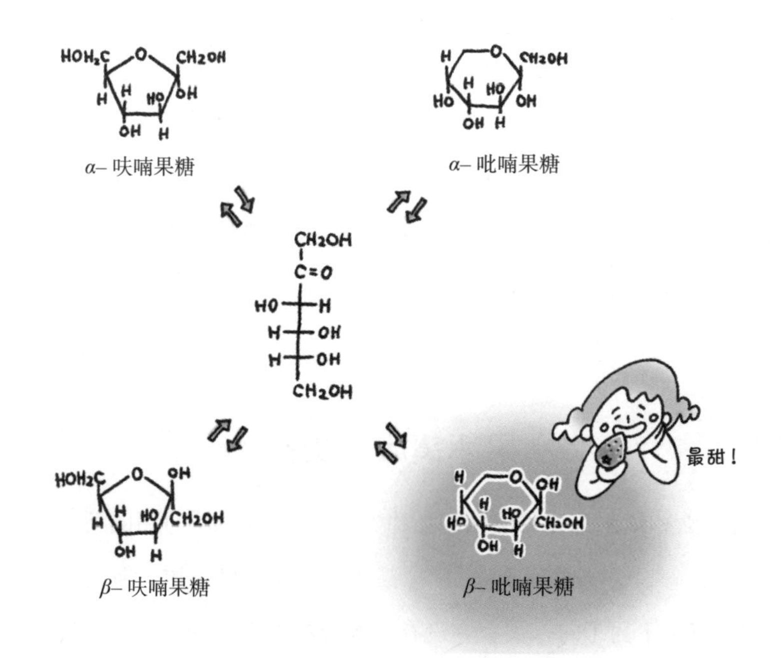

图 2–5　果糖的分子构造

研究发现，实际上在溶液中，α– 呋喃果糖、β– 呋喃果糖、β– 吡喃果糖占大部分，其中 β– 吡喃果糖比 β– 呋喃果糖的甜度强 3 倍。这三种物质的存在比例会根据温度不同而变化。温度为 20 摄氏度时大致的存在比例为 β– 吡喃果糖占 76%、β– 呋喃果糖占 20%、α– 呋喃果糖占 4%，而温度为 80 摄氏度时就变成 β– 吡喃果糖为 48%、β– 呋喃果糖占 35%、α– 呋喃果糖占 17%。也就是说，最甜的 β– 吡喃果糖在 20 摄氏度时占果糖分子总量的近 80%，但温度为 80 摄氏度时会下降到接近 1/2 的程度。

水果在低温时甜、热咖啡中放入的糖浆比放入冰咖啡时甜度弱、清凉饮料在常温时甜度会下降，这些都是上述原因导致的。那么，为什么我们能从 β– 吡喃果糖中感受到更甜的味道呢？

1967 年沙伦伯格（Shallenberger）等人针对甜味强烈的通用分子构造，提出了一种叫“AH—B 理论”的假说。这一理论认为，表示甜味的分子内，氢供体（AH）和氢受体（B）以 2.5~4.0 埃的距离而存在，甜味感受器中也同样存在由 AH 和 B 的氢键结合引起的甜味刺激。1972 年基亚（Kier）进一步提出的“AH—B—X 理论”认为，在甜味物质中除了和两个氢键结合相关的部位，还存在另一个与疏水结合相关的部位（X），它们的相互作用使其能够在甜味感受器中共存，从而使甜味加强（如图 2–6）。根据这种“AH—B 理论”或“AH—B—X 理论”可以了解到，这种甜味高的 β– 吡喃果糖的构造，

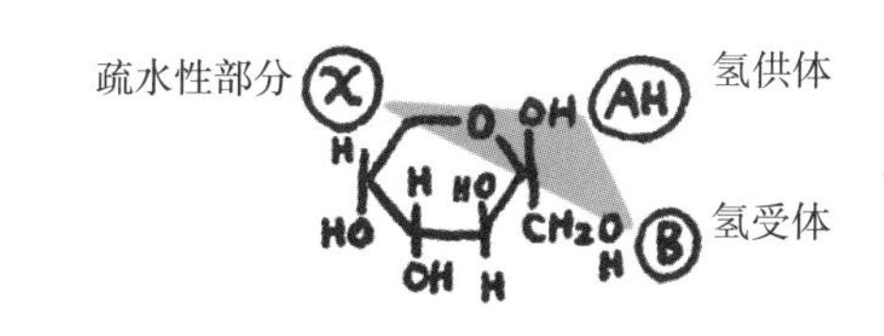

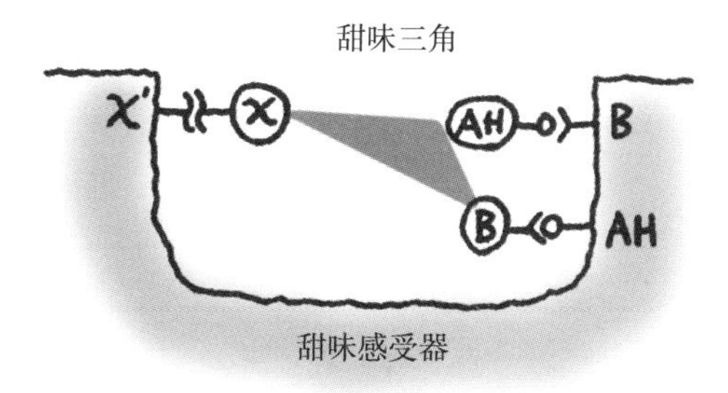

图 2–6　β– 吡喃果糖和甜味感受器的结合

（图示参考：Shallenberger 等（1967、1978）和 Kier（1972）的观点）

实际上就是嵌入了甜味感受器这个“拼图”的“分子拼图片”。

这些假说被提出的大约 30 年后，科学家在 2001 年的研究中发现味蕾中有甜味感受器。现在，关于甜味物质是如何和这个感受器结合的，其核心部分已通过分子仿真等手段逐渐明朗化了。

这种根据果糖的甜味随温度的不同发生变化而产生的理论告诉我们，如果对食物和食用者两个方面都从分子层面进行研究，可以更加条理清晰地解释这一现象的原理。

第3章

chapter 03

美味食物中的科学

1 构成美味食物的四种基本分子

水——影响食物特性的关键分子

分子烹饪学的基本立足点

以前我曾学过剑道、茶道之类，虽然学艺不精，但在学习过程中深刻体会到，要精通一项体育运动或一种传统技艺，诀窍在于须掌握这项运动或文艺的基础。比如，剑道的基础在于姿势和步法、竹剑（击剑练习用）的握法和挥舞方法；茶道的基础在于鞠躬行礼的方法，还有在泡茶时要注意每种点茶方法的意义。我认为“料理道”也同样如此。

烹饪时首要的一点，理所当然是要掌握烹饪技术；除此之外，了解食物中的食品分子有什么特性、它们在烹饪过程中会发生什么样的化学反应、这对食物的美味程度又有什么影响等，这些也都非常重要。进行烹饪之前，如果能事先掌握食物的基本科学原理，将非常有益于提高烹饪的“地头力”[①]，进而有望创造出新颖的食物。

食物是由多种多样的分子混合在一起而构成的复杂体系，而且通

① 日本商界常用词汇，指一种从零开始的思维突破能力。——编者注

过烹饪操作引起分子与分子之间的化学性结合，会产生原本没有的新分子。分子烹饪学的目的在于科学地研究食物美味的原理，而烹饪过程中一般不会只考虑某种单一的成分或单一的反应，所以事先了解食物主要构成成分的分子特性或反应体系，才是研究分子烹饪学最重要的“基本姿态”。

水分子的特性

在食品成分中，水基本上存在于所有食品中，而且含量很高，所以水可以说是我们平时最常吃的分子。

蔬菜和水果中的水分含量高达80%以上，肉类和鱼类中70%~80%的成分也是水。据说，如果蔬菜流失5%的水分、肉和鱼类流失3%的水分，就无法维持自身的新鲜度或质量。食物的构造是靠水来维持的，水分流失会导致食物的组织被破坏。水分不仅对食品的硬度、黏性、流动性等质地有着很大影响，在很大程度上还关系到食物的滋味或香味、颜色变化、食品中发生的各种化学反应或酶促反应、食品的保存及稳定性。

而且，水作为物质溶解的溶媒，对其他食品分子的性质也会产生影响。特别是易溶于水的钙、镁等有营养的矿物质成分，决定着水的硬度，在酿造啤酒或日本清酒时会影响这些酒的质量。此外，水的硬度对熬制高汤时的出汤情况、煮饭或煮肉和鱼时浮沫的出沫状况都有影响，所以厨师对水的选用极为讲究。

在化学中，水分子是由1个氧原子（O）和2个氢原子（H）以105度的角度，形成“H—O—H”的V字形构造。氧的一侧带负电荷，氢的一侧带正电荷。带正电荷的氢原子和其他水分子的带负电荷的氧原子形成氢键，这种水分子间的氢键对食物的影响很大。

水分子通过和碳水化合物或蛋白质等高分子形成氢键，可以使其他分子能更好地溶解。与食品成分形成氢键的水被称为“结合水（束缚水）”，没有形成氢键的水被称为“自由水”。结合水可以说是被束缚的水，所以难以被微生物利用。富含自由水的蔬菜或新鲜肉类看上去水灵灵的，但另一方面具有容易腐烂的倾向，因为自由水可以被微生物利用。因此，在烹制食品的过程中，就要想方设法减少自由水、增加结合水。例如，做果酱或酱菜、腌咸鱼等时，可以通过添加砂糖或食盐，把食材中含有的自由水变成结合水，以实现更好的储存效果。

氢键对食物造成的巨大影响

一般的物质在从液体向固体状态变化的过程中，体积会变小，但水是例外的。如果把水冷冻成冰，体积会增加 9%，这个现象也和氢键有关。在冰的状态下，氢键作用比较强，会呈现立体三维扩张的结晶结构，这时冰的内部出现较大空间，所以体积就比水的状态下大。

解冻冷冻的肉时之所以会滴水，是因为水变成冰时，由于体积膨胀而破坏了细胞或组织。另外，用于炖菜的冻豆腐（高野豆腐），在制作时通过让原材料豆腐中的水慢慢冷却，使冰结晶变大，从而形成带有很多孔眼的、独特的海绵状组织结构。这样，味道就容易渗入这些空隙。

相反，如果把水加热，水分子就会从氢键中解放出来，变成能够

四处自由活动的水蒸气。但是，水分子之间的氢键束缚特别强，把1克水的温度提高1摄氏度所需的能量，是把1克铁的温度提高1摄氏度所需能量的大约10倍。把铁锅放在炉子上，锅很快就会变热，但锅中的水不会马上变热，原因就是水分子之间的氢键束缚力量比较强。

而且，水的氢键对通过水来进行的热量吸收和热量释放也有很大的影响。出了汗，身体就会降温，这是因为水从液体状态变成气体时，通过切断氢键，吸取巨大的能量释放到空气中造成的。这就是所谓的汽化热。相反，热的水蒸气受冷变成液体时，会释放出与汽化时所需能量同等的热量，即所谓的凝固热。因此，温度同样设定为100摄氏度的烤箱，与焙烤功能相比，加热功能更容易把热量导入食材中，所以用较短的时间就能完成烹制。另外，人可以进入的湿蒸式蒸汽桑拿房，一般温度大约为40~50摄氏度，与温度一般在80~100摄氏度的干蒸式桑拿房相比，温度要低得多，原因就在于如果把蒸汽温度设得太高，由于人体表面所承受的凝固热，人可能会瞬间被蒸成一个“肉包子”。

此外，在闷热的夏天和干燥的冬天烹制食物，例如用平底煎锅或烤箱制作的烧烤食物之类，由于同样的原理，不同季节的烹制效果有时会截然不同。这可能跟周围环境中的水（湿度）有很大关系。一般情况下，菜谱上会注明发酵温度或烤箱加热温度，但不可能涉及周围环境中的湿度。“明明完全按照菜谱操作的，但不知道为什么做得不成功”，其中一个重要原因，可能就是周围环境中的湿度影响。

脂质——“罪孽深重”的美味分子

油脂的迷人美味

油脂比较多的菜肴，虽然令人担心油分较多，但却非常好吃。雪花牛肉做的牛排、金枪鱼前腹部肉做的寿司、烤鳗鱼饭、咖喱、面条、汉堡牛肉饼、巧克力、冰激凌……油脂让人感受到一种梦幻般的魅力。所谓“油脂”，一般来说，常温下呈液体状态的用“油”字表示，呈固体状态的则用“脂”字来表示。

油脂或脂肪从科学角度被称为“脂质”。脂质拥有的能量大约为每克 9 000 卡路里，与糖类或蛋白质的每克 4 000 卡路里相比，热量为 2 倍以上。是因为脂质是身体活动的重要能量来源，所以我们才会感到好吃；还是因为美味的东西本来就含有高能量呢？ 这个问题目前还不明确，但这种美味如果食用过量将潜藏危险，会成为肥胖、动脉硬化、心脏疾病、乳腺癌、大肠癌等生活方式疾病的原因。尽管如此，但如果把被誉为“秋日风景诗”的膘满肉肥的烤秋刀鱼或约 75% 的热量来自脂质的烤牛舌放在我们面前，要做到口舌不生津，估计是极难的吧。

回顾我们人类以往的历史，可以说基本上是一段与饥饿不断抗争的历史。“今天有没有吃的？”这个问题，一直是人们关注的重点。像现代这样食物富余、随时都能吃饱的情况，也只是最近才实现的，而且这种现象还仅限于一些发展比较好的国家。可能我们的身体会无意识地记忆饥饿时的感受，所以为了应对饥饿，会自然而然地储备脂质吧。因此，这自然会导致一种结果，就是觉得脂质好吃，而且越吃越想吃。我们要和脂质打好交道，友好共处，就要做到自己能管理好食用量、食用频次、食用时机等。

黄油呈固态、橄榄油呈液态的原因

脂质是食物中至关重要的参与者。它的作用主要是形成食物的风味，给人以愉悦的滑润感。在很多食品中，脂质渗入后会使食物的立体构造变弱，使食物变得软嫩。而且脂质还起着加热媒介的作用，油的沸点比水高得多，所以会使食物表面变得干燥，产生脆脆的口感和浓郁的风味。脂质的这种性质，可以通过了解脂质的分子特性来进行更清晰的说明。

脂质中含有各种化合物，最基本的、单纯的脂质中有甘油三酯，就是体检时血液检查项目中的“中性脂肪”。从化学角度来看，甘油三酯是三分子的脂肪酸和一分子的甘油结合形成的。

构成甘油三酯的脂肪酸，主要是由碳原子的“链”构成的，链的长度（碳原子个数）及连接方式（双键数）各不相同。脂肪酸有油酸、亚油酸、DHA（二十二碳六烯酸）等种类，哪种脂肪酸和甘油三酯结合，决定着其脂质最终是固体还是液体等性质。

构造中没有双键的饱和脂肪酸，其构成脂肪酸的碳原子链笔直延伸，分子易于密集地集中在一起。与之相对应，构造中含有双键的不饱和脂肪酸，其构成脂肪酸的碳原子链在中途发生弯曲，甘油三酯分子之间相互靠近，使立体构造难以维持。分子是否容易集合在一起，其差异关系到脂质的熔点或粒子的大小，即易溶性、醇厚性、“舌感”等。常温下呈固体状态的黄油，饱和脂肪酸与不饱和脂肪酸的比为 70∶30；与之相比，常温下呈液体状态的橄榄油，这一比例为 15∶85。

“缓和水和油关系”的乳化剂

碳链长度较长的脂肪酸，与水分子那种正负电荷有偏差的极性分子不同。它属于非极性分子，所以脂质是不与水发生混合的疏水性分子。由于脂质不和水发生混合，所以会出现和水的分界线。脂质在水中会形成脂肪球，在乳脂肪或调味汁中就会变成糊状等。另外，因为脂质之间可以相溶，所以如果用油炒的话，大蒜中含有的脂溶性维生素 β– 胡萝卜素等会转移到油脂中。

一般情况下不发生混合的水和油，如果出现混合现象，这种现象被称为“乳化”。以蛋黄酱、巧克力为代表的很多食品，以及一些用油做的食物中，可以说必然会发生这种乳化现象。

让这种乳化成为可能并作为乳化剂起作用的物质，也是脂质的同类。最为大家所熟知的就是蛋黄或大豆中含有的卵磷脂（图 3–1）。卵磷脂是甘油结合两分子脂肪酸形成的甘油二酯，在剩余部位由亲水性的胆碱代替一个脂肪酸通过磷酸基（图中标为 P）进行结合。因此，卵磷脂通过在同一个分子内疏水性和亲水性部分的共存，能把水和油混合在一起。如蛋黄酱，就是在蛋黄中加入油进行搅拌，水中会出现很多的小油滴，在水和油的分界线上，卵磷脂将亲水性部分放在外侧，使疏水性部分位于内侧，从而使油滴得以稳定（如图 3–1）。

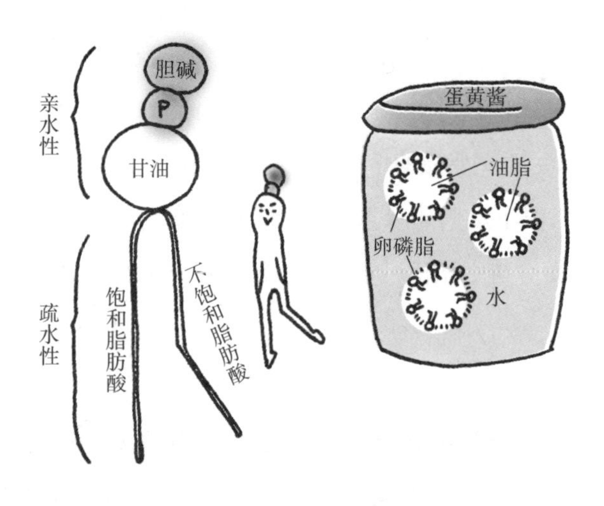

图 3–1　卵磷脂的构造和乳化

糖和蛋白质

糖——身体的能量源泉

糖一般富含于砂糖、小麦粉、大米等呈白色的食品中。作为血糖成分的葡萄糖和水果中含有的果糖，是糖的最小单位“单糖”，由单糖类的葡萄糖和果糖结合而成的蔗糖等则是“二糖”，而由很多单糖相连在一起的物质被称为“多糖”（如图 3–2）。淀粉就是由葡萄糖像念珠那样结合成一长串形成的多糖。

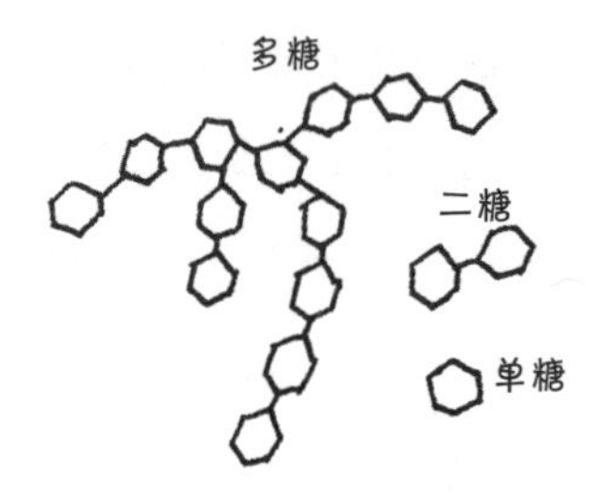

图 3–2　糖的分子构造

像单糖或二糖这种小的分子，直接舔一下就能感受到甜味，但作为大分子的淀粉直接舔舐却没什么味道，烹饪后才会发生巨大的变化。淀粉是光合作用的产物，大多储存在大米或小麦等谷物类、马铃薯或红薯等薯类以及大豆或小豆等豆类中。

生吃大米或面粉会吃坏肚子，这是因为生淀粉中结合在一起的糖分子构造非常紧密，不溶于水，直接生吃会导致消化不良。但如果在大米中加水蒸煮或在面粉中加水揉捏后进行加热，淀粉的立体构造会发生松解，水能够深入到淀粉分子内，使其变得柔软、易于消化。

此外，对蔬菜或水果质地影响较大的是纤维素、半纤维素、果胶等细胞壁构成成分。果胶填充了植物果实或根部软组织细胞壁之间的空隙。蔬菜类烫煮后会变软，是因为果胶被溶进了热水。另外，在催熟未成熟果物或用米糠腌酱菜时的发酵过程中，有各种各样的酶（果胶酶等）在起作用。

蛋白质——生命活动的物质基础

蛋白质富含于牛奶、肉、鱼等动物性食品以及大豆等植物性食品中，基本单位是氨基酸。人体及食物中大约有 10 万种蛋白质，但这些蛋白质仅是由 20 种氨基酸组成的。在人体中各种蛋白质呈现各种独特的立体构造，有的弯曲，有的蜷曲，有的扭曲等（如图 3–3）。例如，血液里红细胞中的血红蛋白是球状蛋白质，肌肉中的胶原蛋白则是螺旋状的蛋白质。这种形状对生物的生命活动起着重要作用。

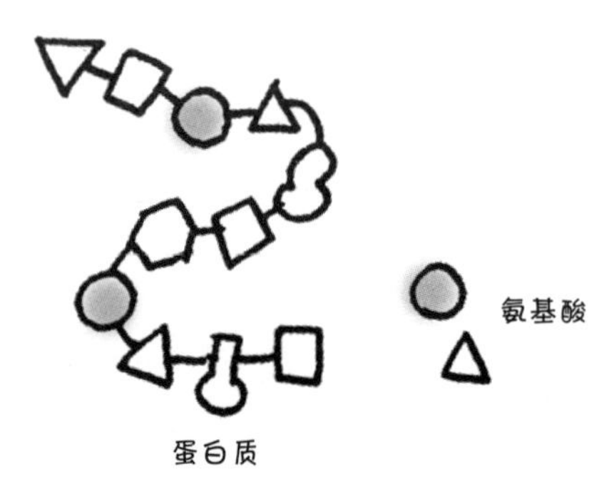

图 3–3　蛋白质的分子构造

蛋白质有着各种各样的形状，它是一种受到外来刺激时其构造容易发生变化的分子。根据热、酸、盐、压力等不同的刺激，蛋白质的构造会发生戏剧性的变化，食品的性质也会由此发生变化。肉或鱼煎烤后会变硬的现象、牛奶中添加乳酸菌做成酸奶的过程、用豆浆制作豆腐的过程等，都是这些蛋白质分子的构造变化所导致的。

特别是面包，小麦中叫作面筋的蛋白质在发酵过程中形成三维的网眼状构造，可以形成有弹性的膜，这关系到面包的膨胀程度和形状的维持。但是，小麦中原本并不存在面筋这种蛋白质。小麦中叫作“麦醇溶蛋白”的圆形蛋白质和叫作“麦谷蛋白”的细长形纤维状蛋白质，通过和水混合并揉捏后，才会形成具有适度弹性的面筋。

小分子和大分子的美味平衡

小分子的单糖和氨基酸具有甜味、鲜味等化学性的美味，大分子的多糖和蛋白质则具有质感等物理性的美味。

例如，用大米、小麦和大豆等制作大酱或酱油等调味料时，通过把这些原料中含有的高分子多糖或蛋白质进行小分子化，可以增加鲜味成分或甜味成分。另一方面，面包或豆腐之类，可以通过让蛋白质形成良好的网状结构，使这些食物产生独特的质感。

对于拉面、乌冬面、荞麦面、通心粉等面类来说，口感尤为重要，无论哪种面，原则上都切忌煮过头。拉面中的中华冷面，就是通过在面粉中添加一种叫作卤水的碱性盐类（碳酸钾、碳酸氢钠的混合液）来形成口感良好的嚼劲的。卤水的碱性使面粉中的蛋白质产生伸缩性、弹性和风味，这样淀粉就会产生黏性。

我们平常吃的食物，是通过加工或烹制操作，在绝妙地控制糖分和蛋白质的这种大小分子平衡的同时，使其完美地产生化学性美味和物理性美味的。

专栏7　盖浇饭建筑论

我曾听到过一种说法，“建筑师中很多人都喜欢做菜，是因为建筑和烹饪非常类似”。厨师的工作要在考虑菜单、食材的特点、烹制方法、桌面装饰、预算等基础上制作菜肴，同样，建筑师也要在考虑设计、材料的特点、施工方法、环境、预算等基础上建造房子，两者的确有很多类似之处。

建筑过程和烹饪过程有很多共同点，比如收集原生态的材料、切割材料、加热、“施工”处理、如何展现等。在日语中，建筑用语和烹饪用语有很多通用词汇，如“面取り”（刮圆）、“小口”（横断面）、“背割り”（烹饪上：片开鱼脊；建筑上：在柱子背面预先刻上裂纹）等。

著名建筑家、东京大学工学部教授隈研吾曾在一本杂志的访谈报道中提到了“盖浇饭建筑论”，内容非常有意思。

盖浇饭的做法就是把一些菜肴浇盖在盛在大海碗中的米饭上。米饭和配菜搭配时，如果是猪排饭，把猪排和米饭结合起来的媒介就显得尤为重要，而鸡蛋就承担着这一作用。鸡蛋使米饭和猪排实现完美结合，两种食材在大海碗中和谐共存，所以食用的人会毫不迟疑地一扫而光。隈研吾教授说，利用这种媒介进行结合的操作，与建筑中选用材料的操作非常类似。例如，把独立在外的柱子和嵌在墙壁上的照明工具进行搭配处理时，如果在两者之间放入日本纸做的屏风作为媒介，使两种不同性质的要素组合在一起，会给人一种灯光撒满房间的和谐感，就像盖浇饭上撒满鸡蛋或调味汁那样，可以产生柔和的作用。

实际上，隈研吾教授设计的那珂川町马头广重美术馆，使用的就是细长的杉木材料，之所以选用这个材料，是因为它和美术馆所处地周边被细长枝条所环绕的细腻风景非常协调且相映成趣。换言之，广重美术馆的设计就是在外围环境这个“大海碗”里，利用与这种环境相宜的材料来调节光照，使其和周围的景色和谐共处的。“建筑论的

精髓在盖浇饭中”，这种观点是一个非常有趣的创意。

从烹饪角度来看，反过来可以说“烹饪论的精髓在广重美术馆”。在建筑上选用与周围环境协调的素材非常重要，同样，在烹饪中食材的选择也很重要，要考虑与别的食材或调味料的协调。因此，如果要考虑整体的协调和平衡，我认为，就如建筑师必须详细了解建筑材料的特点或性质一样，厨师也要充分了解食材的特点、成分以及食材中含有的微小食品分子的特性，因为这关系到能否进一步提升食物这个“建筑物”的魅力。

顺带解释一下为什么会命名为“盖浇饭建筑论”。隈研吾教授选择盖浇饭的原因，我是完全能够理解的。

吃盖浇饭时，大脑中会出现与超越巅峰状态时同样的脑电波，有时会出现吃得完全忘我的状态。除了盖浇饭，很多人在吃茶泡饭之类时，一定也有过一两次吃到忘我境地的经历吧。如果是喜欢甜食的人，比起盖浇饭，着迷的对象更可能是圣代或豆沙水果凉粉。隈研吾教授说，建筑一般容易被认为是“用眼睛看的东西”，但想要真正了解和接触建筑，应该把建筑看作“把物质摄入体内的过程”。现在，建筑界存在一种过于强调用大脑来思考的倾向，而隈研吾教授提出的“希望像专心致志吃盖浇饭那样，把建筑摄入体内”的建议，正是“盖浇饭建筑论”这一命名的由来。

另外，建筑并非一味追求美观，虽然最终到达视觉阶段时会产生一种美感，但建筑并不以此为目的。美味的食物大多外观也都很好看，但这终究只是结果，这一点目前已得到公认。通过上述理论，我感觉自己似乎领会了美食学的本质。

2 掌握食物美味关键的分子

呈味分子——从食物传递到味蕾的物质

什么是呈味分子？

食品所含成分中，能够让人感觉到味道的物质，叫“呈味成分”。“呈”这个字，如敬呈或赠呈等词中所含有的意思，有“献出（交出）”的意思，所以给我们献出味道的成分可以叫作呈味分子。五大基本味——甜味、酸味、苦味、咸味、鲜味，分别有各自的呈味分子。

酸味和咸味的主体是氢离子（H^+）、氯化钠（NaCl），与之相比，与甜味、苦味、鲜味相关的成分则比较复杂，特别是甜味分子。目前已知的甜味分子的种类很多，除了以我们常称为砂糖的蔗糖为代表的天然甜味剂，还存在很多其他甜味分子，如阿斯巴甜或乙酰磺胺酸钾（俗称安赛蜜）等减肥饮料中含有的人造甜味剂等。

这些甜味分子的共同点是都有甜味，但分子的构造却多种多样。关于味觉感受器是如何识别这些多样化的甜味物质的，近几年通过研究发现，与甜味物质识别相关的感受器，是成群存在的。研究发现，甜味感受器通过对这些物质进行灵活的区别利用，能捕捉到多种化学性质不同的甜味分子的信息。另外还发现，甜味分子对这些甜味感受器的亲和强度，与甜味的强度也有关联，结合力强的阿斯巴甜或乙酰磺胺酸钾的甜度高达蔗糖的 200 倍。

另外，如果要说位列前三的鲜味分子，那就是谷氨酸、肌苷酸和鸟苷酸。1908 年，池田菊苗从昆布中提取了作为昆布鲜味成分的谷氨酸；之后在 1913 年，小玉新太郎从柴鱼干中发现了肌苷酸；1958 年，国中明从香菇里发现了鸟苷酸。鲜味之所以能以“umami”这种叫法在世界上通用，这跟日本传统食品中富含鲜味以及日本人发现鲜味的功劳有很大关系。

做味道的魔术师

食物中含有的呈味分子给我们舌头带来的刺激并非一成不变，会因食物中含有的其他呈味分子而受到各种不同的影响。由于同时食用不同的呈味分子或食用时的时间差，不同味道之间会相互作用，产生各种味觉现象，如“对比现象”“相抵效果”“相乘效果”“变味现象”等。

味道的对比现象是指在同时摄取不同种类的呈味分子时，一种味道会因另一种味道变得更强的现象。吃年糕小豆汤或西瓜时加入少量盐会变得更甜，这就是甜味和咸味的对比现象造成的。还有，清汤或肉汤之类，可以通过加入少量的咸味物质来提升鲜味。

味道的相抵效果是指在同时摄取不同种类的呈味分子时，一种味道会因另一种味道而变弱的现象。寿司醋的酸味因咸味或甜味而弱化就是相抵效果。咖啡中放入糖，咖啡的苦味会因甜味而减弱，酸葡萄柚撒上砂糖后酸味感觉被弱化，这些也都是相抵效果。

味道的相乘效果是指在同时摄取同类味道的呈味分子时，感受到的味道比分别单独摄取两种味道时的总和更强的现象。这种现象在熬制日本料理所用的高汤时很常见，利用昆布和柴鱼干或香菇的组合提升鲜味等，进行调味时也很常见（参看专栏 5）。

味道的变味现象是指某种呈味分子由于其他分子的作用，感受到的味道与原有味道不同的现象。吃了猕猴桃后再吃酸柠檬会感到甜味，喝了原产印度的吉姆奈玛茶后吃甜食会感觉不甜，吃了菜蓟后再喝水会感到有甜味等，这些都是变味现象。

这些味道的相互作用而引发的现象，通过大家的亲身体验已被证实，但关于这些现象的原理，例如呈味分子之间或呈味分子和舌头上感受器之间的结合模式等是不是会相互影响，或者说这些影响是不是发生在大脑层面？ 目前对这些详细情况的了解还不多。我们烹制食物时，也可以尝试把不同的呈味分子搭配起来食用，以便体会一下味道的相互作用，这一定会很有趣。

芳香分子——左右好恶的最重要因素

代表食材特色的芳香分子

作为一名饮食研究者，我很想绝对地说自己没有不喜欢吃的食物，但实际上有些食物我实在不喜欢吃，比如香菇。菇伞里面的褶皱固然让人感觉很恐怖，但我最不喜欢的还是香菇独特的香味。香菇的这种香味，其主要成分是叫作“蘑菇香精”的含硫环状化合物。如果一直盯着这个化合物的结构式看，我总觉得这个结构式看上去就像一个香菇（如图 3–4）。

另外，偶尔也会有人不喜欢黄瓜的青草味，黄瓜的芳香分子是由黄瓜醇（反 –2– 顺 –6– 壬二烯醇）和堇菜醛（反 –2– 顺 –6– 壬二烯醛）构成的。同样，如果一直盯着这两个化合物的结构式看，就会发现它们都看上去像根黄瓜，这让人觉得很不可思议（如图 3–4）。

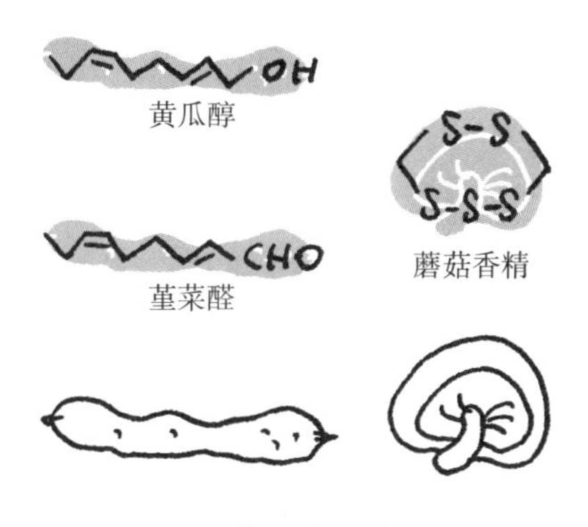

图 3–4　香菇和黄瓜的芳香分子

从初夏开始，香鱼作为夏季的代表性食材为大家所熟知，其特点是香味清爽。研究发现，香鱼的香气成分也是黄瓜醇。无论是在蔬菜类的黄瓜中，还是属于鱼类的香鱼中，这种黄瓜醇都是通过同样的途径，即由叫作“脂肪氧合酶”的氧化酶和叫作“裂解酶”的解吸酶，作用于构成脂质的脂肪酸而形成的。另外，据说养殖香鱼中的酶活性强度与野生香鱼不同，所以“黄瓜味”比较弱。

像香菇或黄瓜之类，每种食品并非只含一种芳香分子，而是由多种芳香分子构成的。这些芳香分子群和位于我们鼻子深处的 390 种不同的嗅觉细胞进行结合。这种结合会形成一个“阀门”，通过刺激这个“阀门”的“开关”，大脑就会意识到“啊，好像有香菇的气味，赶紧跑”或“黄瓜这种东西，虽然没有像样儿的营养成分，但有水嫩的香味，做沙拉时少了它不行啊”，诸如此类。在形成香菇或黄瓜整体香味的这一过程中，贡献最大的是蘑菇香精和黄瓜醇。

芳香分子的分离可以通过仪器，使用气相色谱法等方法进行分析。通过仪器分析发现，咖啡中约有 800 种、西红柿中约有 400 种香气成分。分离后的各个分子，其气味特征只有人类才能识别，所以使用仪器分离芳香分子后，要采用依靠人的感觉进行判断的“闻味法”。

芳香分子的“飘香法则”

从食物中飘出的芳香分子是挥发性分子，具有易汽化的性质。我们的嗅觉只能识别飘浮在空气中的小分子（分子量在 350 以下），但不是所有的挥发性物质都会飘出香味，只有能像钥匙一样嵌入嗅觉细胞气味感受器“锁孔”的分子才会成为芳香分子。

芳香分子与气味感受器进行结合的方式，有着固定的法则。形成挥发性飘香分子的条件是，由氢（H）、碳（C）、氮（N）、氧（O）、硫（S）五种元素构成，并且其分子构造内必须具有官能团（芳香分子中特有的部分），分子和官能团之间有类似身体和胳膊的关系。

研究发现，即使是看上去构造相同的分子，如果这个官能团的形状不一样，就会形成完全不同的气味。例如，异戊醇散发出类似蒸馏酒的气味，而形状稍有不同的异戊醛散发出类似可可的气味，异戊酸则散发出类似纳豆的气味（如图 3–5）。

相反，如果是官能团通用、形状在某种程度上相似的分子，有时会具有相似的香味。例如，烤肉时产生麦芽酚、枫槭内酯、糖内酯等加热产生香气的成分（如图 3–5），这些由羟基、羰基构成的轮形环状化合物，都具有焦糖那样刺激食欲的香味。

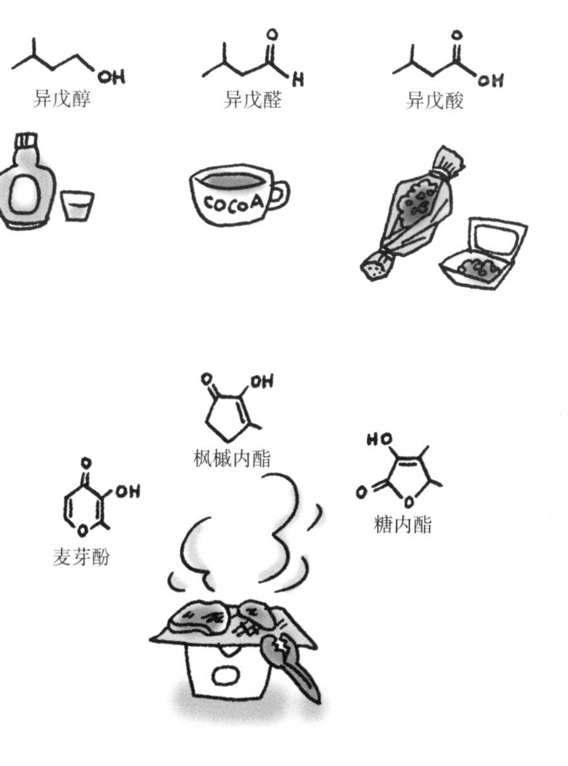

图 3–5　官能团和芳香分子

香辛调味料的作用与香水相同？

随着研究的深入，人们逐渐发现与滋味的相互作用一样，香味也有相互作用。

例如，作为调味料的丁香，其独特的香气成分中有一种叫“丁香油酚”的分子。研究发现，丁香油酚与气味感受器结合后向大脑传输的信号，对感受肉或鱼腥味的三甲基胺感受器所发出的电信号有抑制作用。同样，在烹制炖鱼时常用生姜去除腥味，这也是因为与鱼腥味成分（胺类）相比，人脑更容易接收到桉叶素、姜辣素、姜烯等生姜的香气成分，所以会忽略鱼腥味。换句话说，烤肉时涂上丁香粉、炖鱼时放入生姜，其实并没有从菜肴中去除腥味本身，而只是通过香辛调味料对人产生作用，使大脑感受不到那种气味。

去除腥味有时会用酱油、酒或调味汁进行加热炖煮，或加入醋使其酸化，这种场合是通过化学反应等来破坏腥味成分，腥味成分本身是能够被去除的；但如果是使用佐料吃生鱼片，这种场合就是用一种气味来抑制另一种气味的现象。一般来说，香水也没有消除体臭或汗味的除臭作用，香水的作用可以说和上述佐料或香料的作用是一样的。

研究证明，在烹饪肉类和鱼类的菜肴时，适宜使用生姜、大蒜、胡椒、山椒、紫苏等各种香草或香料。人类其实在还不了解这一原理的情况下，依靠从古代积累下来的智慧，就一直利用这些香辛调味料的浓烈香味，在脑内置换着肉或鱼刺鼻的腥臭味。

颜色分子——美味从视觉开始

把橘子装进红色网兜的小心思

利用美食网页选择想去的饭店时，在饭店看着附有照片的菜单点菜时，在便利店或超市挑选食物时，我们基本是依靠眼睛所看到的信息来选择饭店、菜肴或食物的。在食物入口前，食品呈现的颜色、光泽、形状等视觉信息成为判断是否美味的重要依据。

食材本身所含有的色素分子或在烹饪过程中新产生的色素成分，

会在很大程度上影响我们感受到的美味。人们普遍存在一种倾向，觉得草莓、苹果、樱桃等暖色系的食物更好吃。那是不是可以说红色的食物看上去就一定好吃呢？其实这也未必。食物本身都有着独特的颜色，比如菠菜是绿色、西红柿是红色、胡萝卜是橙色，这种食物的独特颜色是否和我们记忆中的颜色一致，才是左右我们食欲的决定性因素。

此外，我们在辨别食物颜色时存在一种倾向，即与实际的食物颜色相比，我们会更强调记忆中的食物颜色。例如，如果是柠檬，我们想象中的柠檬颜色会比实际的柠檬颜色更深。因此，美味食物的颜色搭配，前提必须是以往饮食生活中体验过且熟悉的颜色，而且比这种颜色稍微深一点儿的颜色会更受欢迎。

超市等常用网兜装着蔬菜或水果出售，不同的食材使用不同颜色的网兜，使食材的颜色看上去更鲜亮。例如，把橘子放在红色网兜里，秋葵放在绿色网兜里，食材看上去会更鲜亮。烹制菜肴时，想勾起人们的食欲，我觉得关键的一点是要有意识地强调食材本身的颜色，以及注意烹制方法。

构建日本料理色彩魅力的分子们

2013 年 12 月，“和食（日本料理）· 日本人的传统饮食文化”被收录到联合国教科文组织非物质文化遗产中。日本料理的特点是，大多使用季节性食材，更注重发挥食材本身的原味，而非味道的调制。因此，相比于通过滋味和香味来使菜肴丰富多变，日本料理更重视的是烹饪完成后的赏心悦目，具体表现为食物的刀工、色彩、摆盘及配以应季器皿等，所以日本料理被称为“用眼睛享受的菜肴”。

食材的颜色是由植物或动物的细胞或组织中含有的各种各样的色

素分子形成的。色素分子根据分子构造的不同，大致可以分为类胡萝卜素、卟啉类色素、黄酮类色素。

胡萝卜、南瓜、玉米、西红柿、辣椒等呈现赤、橙、黄色，是因为含有类胡萝卜素。菠菜等黄绿色蔬菜中同时存在叶绿素（属于卟啉类色素）和类胡萝卜素，但如果叶子开始枯萎，绿色的叶绿素会被分解，黄色的类胡萝卜素就会显现出来。这种现象在西红柿或柑橘类果实从绿色逐渐变成黄色的过程中，或者秋天的红叶中也可以看到。黑米、小豆、紫薯、紫甘蓝、葡萄、蓝莓等漂亮的红色或紫色，其成分是花青素，在广义上属于黄酮类色素。

虽然都是红色的蔬菜或水果，西红柿和西瓜中含有的赤色是因为番茄红素，这是易溶于油的类胡萝卜素；而草莓和樱桃中含有的色素是易溶于水的花青素。因此，要使西红柿的红色更鲜亮，把西红柿和油混在一起，效果会更显著；如果想喝红色的风味茶，选用草莓就行，草莓的红色很容易溶入茶中。了解了色素分子的化学性质，就能选择更好的烹调方法。

食材颜色变化的原理

食材的颜色会发生变化。特别是蔬菜、肉、鱼等生鲜食品，时间长了颜色会发生变化，所以通过食材的颜色，某种程度上能判断出其状态或质量。

例如，肉中的色素是一种叫“肌红蛋白”的分子，它和血液中同是红色的血红蛋白是不同的。新鲜的生肉呈现暗红色，在空气中放置一段时间后会变成鲜亮的红色。这是因为暗红色的肌红蛋白和氧气结合后，变成了鲜红色的氧合肌红蛋白（如图 3–6）。超市里切成薄片出售的肉，叠在一起的部分呈现暗红色，这是因为还没有变成鲜红的氧合肌红蛋白；接触一段时间的空气后，暗红部位会和周围的肉一样变成鲜红色。

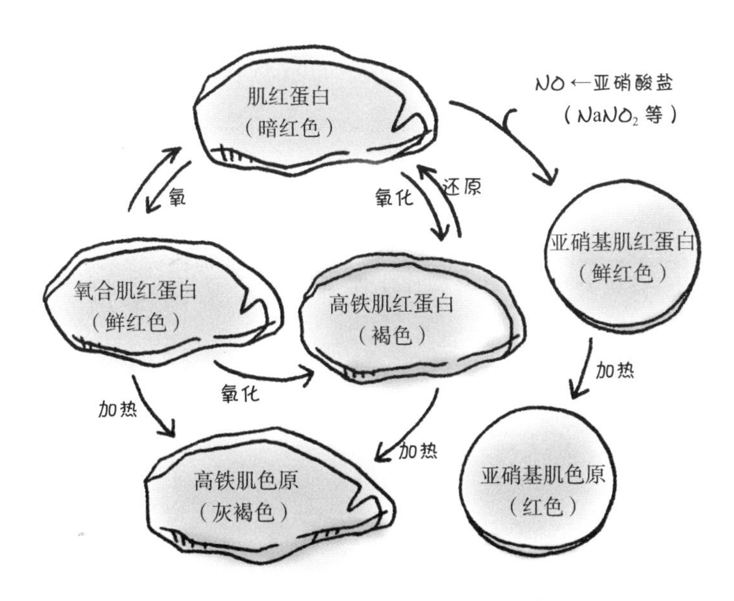

图 3–6　肌红蛋白的变化和肉的颜色

肉长时间接触空气，其中的肌红蛋白会被氧化成褐色的高铁肌红蛋白，如果再把肉进行煎烤，高铁肌红蛋白会变成灰褐色的高铁肌色原。另一方面，火腿或香肠等肉类加工食品的颜色比较稳定，这是因为加工时添加的亚硝酸盐对高铁肌红蛋白产生作用，使其变成稳定且鲜红的亚硝基肌红蛋白。亚硝基肌红蛋白加热变成亚硝基肌色原后，也仍然保持红色。

另外，浆果类中含量较高的花青素，具有根据溶液的 pH 值（表示酸碱性强弱程度）不同颜色会发生变化的特征，在 pH 值为 2~3 的酸性范围内呈现稳定的红色。例如，做香草茶用的紫色圆叶锦葵花，注入热水后茶会变成蓝色，放入柠檬会变成粉红色，这种茶可以带来视觉享受。

点缀食物的色素分子会因为什么而发生变化？如果能事先了解这一原理，就能烹制出再现这些色彩的食物，或者随心所欲地操控自己想要的食物颜色。从这一点来说，也有必要了解色素分子的科学知识。

专栏 8 “食物配对假说”和“分子侍酒师”

人们常说日本料理是减法式烹饪，法国料理是加法式烹饪。日本料理是尽量省略多余的烹饪操作，优先考虑如何保持食材原味；与之相比，法国菜则通过丰富多彩的食材搭配，用回味无穷的沙司（西餐调味汁）来做底味。关于这种加法式烹饪有一种假说，即所谓的“食物配对假说”。

法国料理等加法式烹饪，并不是说不管什么食材搭配在一起就行，食材相互间的搭配组合起着非常重要的作用。把食物和葡萄酒进行完美搭配，可以说正是掌握了加法式烹饪的诀窍。

不同的食材进行搭配组合时，香味尤其重要，有多种不同类型的香气混杂的食物，一般都不太受欢迎。例如，咖喱、香蕉冰激凌和柳橙汁分开时也许你都喜欢，但如果一种食物同时散发着这些香味的混合味道，你肯定就不会觉得这种食物好吃了。同样的道理，在百货公司的化妆品柜台，我想很多人都不适应那种各类香水混合的气味吧。

如上所述，在同一盘食物中，受欢迎的味道种类是有限的，“把有共同香味的食材相互搭配形成统一感，也许可以烹制出回味无穷的、更美味的食物”，这就是食物搭配假说的原理。

食材中含有的几百种香气成分，目前通过器械或人鼻进行分析后，其种类或特征等已形成数据库。因此，通过对这个数据库的活用，可以科学地进行食材搭配的检索。例如，研究发现，巧克力和蓝纹奶酪至少有 73 种共同的香气成分。所以巧克力和蓝纹奶酪的搭配，这种尝试乍一看似乎有欠考虑，但实际搭配品尝后会发现出乎意料地好吃。

目前还出现了一个网站“foodpairing.com”（食物配对网），通过灵活运用这种食物搭配的数据库，可以发现各种各样的食材搭配组合。在这个网站上，把几种香味适宜搭配的食材用“食物搭配树”的形式来表达。这种方式具有视觉效果，所以即使不具备科学知识，我们也能直观地理解。实际上，很多厨师们也在利用这个网站进行新菜

谱开发，而且最近还出现了关注食物搭配假说的“分子侍酒师”。

食材之间、食物和饮料之间的搭配究竟是否适宜，最终须由人们食用后才能做出判断，但烹饪界居然也出现了利用数据库的“信息学”，这一点给我留下了深刻的印象。

3 烹饪中的反应和物质的三种相态

化学反应——烹饪反应之王的光和影

烹饪中产生颜色和香味的“梅拉德反应”

烹饪过程中发生的化学反应很多，其中最重要的反应可以说是“梅拉德反应”。梅拉德反应是因为1912年法国科学家L.C.梅拉德（L.C.Maillard）对这一反应进行详细研究而命名的。在烹饪过程的所有反应中，这个反应可以说是非常重要的“烹饪反应”。

正如其别名“非酶棕色化反应”那样，梅拉德反应是指加热烹调过程中出现焦痕的反应。烤好的面包表面、烤肉或烤鱼的表面、米饭的锅巴，以及啤酒的金黄色、酱油的茶色、枫槭糖浆的褐色等都是梅拉德反应造成的。

梅拉德反应是从蛋白质的氨基和糖的羰基反应开始的。例如，制作面包时，通过原料小麦粉中含有的蛋白质和糖的反应，外表和香味会发生天翻地覆的变化，形成烤制前的糖中没有的褐色色素分子和烤面包独特的芳香分子。梅拉德反应过程中形成的褐色高分子聚合物被称为“类黑精”；香气成分属于醛类或吡嗪类，是在梅拉德反应中叫作“斯特勒克降解”的过程中形成的。梅拉德反应是一种非常复杂的反应，目前的研究还不能完全解释其反应机理。

梅拉德反应的两面性

梅拉德反应中产生的色素分子——类黑精具有抗氧化性，所以梅拉德反应的进行可以提高食物的耐储存性。但另一方面，如果发生反应时必需的氨基酸赖氨酸减少，营养性就会下降。在我们日常的饮食中，一般不会发生赖氨酸不足的状况，但在制造婴儿用奶粉的过程中，通过热风干燥会产生梅拉德反应。对于只摄取奶粉的婴幼儿来说，这种反应造成的赖氨酸不足曾是一个很严峻的问题。

此外，烤肉或烤鱼的烤焦部分中含有极微量的致癌物质杂环胺类，这也是由于梅拉德反应而产生的；但另一方面，却同时形成了预防这种癌变的抗癌物质。由于被加热的食品中含有梅拉德反应导致的多种多样的产物，所以考虑食物的营养功能时，必须综观整体。

另外，最近的研究发现，我们的身体内也发生着这种梅拉德反应。特别是血糖高的时候，血液中的糖和身体里的蛋白质发生反应而产生的 AGE（晚期糖基化终末产物）会增加，目前认为这会造成衰老或生病等不良影响。

酶反应——通过生物的力量创造美味

掌握美味关键的酶

在食品中发生的反应，除了由于加热导致的快速化学反应之外，还有让食品的美味慢慢增强的“熟成”反应。大酱、酱油、葡萄酒、威士忌、肉类和鱼类等，在适当的状态下通过一段时间的存放，可以获得只有经历翘首期待才能得到的美味。

蔬菜或水果等食材，即使在生的状态也含有小的风味分子；而在烹制前基本没有香味的食品，例如无味无臭的、作为蛋白质来源的红肉或鱼等，通过熟成反应会产生鲜味分子或芳香分子。产生味道或香气的反应很多，但其中酶促反应非常重要。

作为食品的植物体和动物体，本身含有数百种维持生命不可缺少的酶。即使在生命体变成食品之后，只要没有失去机能，由于加热等原因酶促反应会持续一段时间。另外，通过微生物进行的发酵，也由微生物所含的酶掌握着美味的关键。水果的催熟、奶酪的制作、肉的熟成……在很多产生美味的反应中酶的作用至关重要。

引发唾液或眼泪的酶

草莓、甜瓜、香蕉、苹果等水果成熟时，会散发出各自特有的果香；卷心菜、西红柿、西兰花等蔬菜也有各种独特的气味。无论哪种蔬菜，根据其各自所拥有的酶促反应类型，会产生各具特点的芳香分子。

洋葱、大蒜、韭菜、大葱等葱属蔬菜也有独特的香味，但被剁切后会散发出比蔬菜本来状态时更浓烈的香味。产生这种现象的原因，以大蒜为例，是因为大蒜的组织被破坏后，大蒜中含有的蒜氨酸酶作用于含硫氨基酸——蒜氨酸，从而产生了大蒜新素和二烯丙基硫醚等大蒜特有的成分。再例如洋葱，蒜氨酸酶作用于含硫氨基酸，再加上洋葱中其他特有酶的追加作用，会产生催泪性成分硫代丙醛 –S– 氧化物。

用微波炉之类把大蒜或洋葱稍微加热一下，可以抑制这种气味，切的时候就不容易流泪。这是因为蒜氨酸酶由于加热遭到破坏，无法再起作用，所以就无法进行酶促反应，形成香气成分或催泪成分。

有研究报告讲述了蒜氨酸酶作用于蒜氨酸时分解产物的几种生理效应，另外，维生素 B_1 与蒜氨酸结合会变成更易被吸收的蒜硫胺素。因此，在切这些蔬菜之前，如果加热一下就能抑制香气成分和催泪性成分，但对身体有益的成分也会受到抑制，所以要注意不能加热过头。

竹笋用勺子舀着吃的技术

在烹饪过程中，有多种利用食品原本所含酶的方法。例如，菠萝或猕猴桃磨碎后用来腌肉，肉会变嫩。这是因为菠萝中含有蛋白质分解酶菠萝蛋白酶，猕猴桃中含有蛋白质分解酶猕猴桃碱，它们对肉的蛋白质产生作用后会使肉变嫩；还有番木瓜中也含有类似功能的木瓜蛋白酶等。很多原产热带的水果中含有蛋白质分解能力很高的酶。

使用酶让肉类变嫩，并不仅仅是为了使肉变得好吃。针对今后日本老龄化社会的饮食，特别是在护理饮食的领域，酶的利用已成为一个越来越重要的课题。上了年纪后，要从以往吃惯的饮食突然改为流质食品，肯定很少有人能顺利做到这一点。随着年龄的增长，即使摄食和吞咽能力下降了，但平常喜欢吃的食物一般是不会马上发生改变的。因此，外表虽和原来相同，但实质上变得软烂、吃起来非常方便的食物，肯定会是一种很吸引人的护理饮食。

日本广岛县的食品工业技术中心正在研究开发这种食品的制作技术，这种技术被称为“冷冻浸渍法”。简单地说，这种方法是利用压力在食材中加入使其变软的酶。通过这种技术，坚硬的竹笋煮一下就可以变得像巴伐利亚布丁那样，用勺子舀着就能吃，这是一种堪称奇迹的技术。因此，这里也许隐藏着一种可能，能使以往用粉碎机做的糊状护理饮食发生天翻地覆的变化。

这种技术也可以应用于肉类、鱼类和贝类，制作“外表看上去是一般的牛排，但用勺子轻轻一压就可以软软地压碎，像酱鹅肝那样，放入口中后在舌头上就会溶化掉的肉”。人们甚至可以通过调整酶促反应的时间等，自由地操控这些食物的硬度。

这种技术不限于护理饮食，也可用来服务一般消费者，制作有新颖口感的食品。我个人非常期待这种技术应用到分子烹饪领域。即使在专业的烹饪世界，我想肯定也有人希望利用这种技术创造出具有新鲜感的菜肴吧。对于这种利用酶在维持食物原有外观的前提下改变口感的技术，今后我将会继续关注其发展动向。

物质的三种相态——因相变而出现的“吸入式咖啡”

薯片或糖果为什么会受潮？

物质有固态、液态、气态三种状态，即相态。

固体在低温状态，原子的振动等受限制，无法运动的原子或分子呈紧密排列的清晰构造。随着温度上升，原子或分子会克服限制它们的引力开始运动，整齐的构造会发生瓦解；但由于这时分子的运动还很迟缓，分子之间会继续维持松散连接的状态，这种状态下就是液体。随着温度进一步上升，当分子具有完全消除相互间影响的运动能量时，分子就可以在空气中自由地来回运动。这种状态虽然也同样具有流动性，但与液态不同，这种状态是气态。

食品的三种相态中，呈现食物形状的固态很重要。在盐、砂糖以及通过回火（温度调整）而变得在口中易溶化的巧克力等固体中，原子或分子呈现按一定规律周期性重复排列的结晶构造；而另一方面，在糖果之类的固体中，分子则呈零乱地随机排列的非结晶构造，这种状态被称为“玻璃态”。

分子呈现玻璃态的“玻璃化食品”，除了糖果，还有小甜饼、饼干、脆饼、麦片、柴鱼干等。这些食品所特有的“咯嘣”“咔嚓”的香脆口感，是由其“虽是固体但易破碎”的玻璃化性质造成的。而像淀粉或蛋白质那些形状大而不规则的分子，常会同时形成具有规律性的结晶部分和不规则的非晶质部分。

玻璃化食品的水分含量或温度提高时，在玻璃态下运动受限制的分子会开始缓慢运动，结果就导致原本凝固的东西慢慢变成黏稠或湿漉漉的柔软流动体。这就是薯片或糖果受潮的原理，这种状态被称为“橡胶态”。

胶体带来丰富多变的饮食

食物基本不会以纯粹单一的相态呈现，一般都以不同相态的混合形式呈现，如固态–液态、液态–气态、固态–液态–气态等。在固态、液态、气态其中一种相态中，虽然分散着其他不同相态的粒子，但相互并不溶解的状态，被称为“胶体”。胶体的具体形式有悬浮液、凝胶、泡沫等。

牛奶是固体（乳蛋白质集合体胶粒）分散在液体（水）中的悬浮液。相反，水分散在固体中形成的、呈海绵状构造的固体物质被称为凝胶。 凝胶有胶冻和琼脂等，前者是动物的胶原蛋白进行热分解后，在内部保留了水分的状态下凝固而成的固体明胶；后者是石花菜等海藻中积有水分状态下形成的。

如果液体或固体中分散有很多气泡，就会变成泡沫构造。如果气体进入到液体中就会变成搅拌奶油那样的液体泡沫，如果气体进入到固体中就会变成蛋奶酥、马卡龙等固体泡沫。进了很多空气的巧克力点心等，由于有气泡，所以在口中易于溶化。还有，让二氧化碳在液体的白葡萄酒中处于过饱和状态，会形成香槟等发泡性葡萄酒，这是让气体分散到液体中。

改变食物相态的创意

除了水，大多数食材分子即使进行加热，也很难发生从原有相态变化成其他相态的“相转移”。因为在发生相转移之前，食材分子经常会由于化学反应而变成其他分子。但最近在食品和烹饪的研究开发中，开始频繁地出现意图改变食物原有相态的尝试。

例如，有家餐厅把发泡性葡萄酒凝胶化，做成果冻提供给客人食用。同样，有好几家企业也把液体调料橙醋凝胶化后，当作商品出售。另外，还出现了销售可吸食咖喱或可吸食奶油馅点心的商店。像软管式的营养类胶冻那样，胶状化食物可以提高饮食的便捷性，这点目前已经得到社会的广泛接受。

另外，还有一种非常有意思的尝试，叫作“吸入式咖啡 / 巧克力”，把咖啡或巧克力的成分变成香烟那样，可以“吸”着享用。哈佛大学医疗工程专业的戴维 · 爱德华兹（David Edwards）等教授们从以往发明的用吸入器摄入药品或疫苗的方法中获得灵感，想出了把粉末香精送入口中的创意。这个创意通过把固体的粒子分散到气体中形成的气雾剂来提供食物，目前为了避免食用时引起不断咳嗽，正在考虑适宜的粒子大小、数量及容器等问题。这种产品改变了“咖啡是喝的、巧克力是吃的”这种概念，某种意义上使人们的饮食观念受到了冲击。

今后的餐饮，除了饮食的“饮（喝）”“食（吃）”以外，也许还要加上“吸”的概念，形成“吸”“饮”“食”的规格。如果能考虑气态、液态、固态等相态之间的组合搭配，也许烹饪会展现一种向更新领域发展的趋向。

专栏 9　转谷氨酰胺酶在分子烹饪中的应用

熟成反应实际上是根据热力学第二定律产生的熵增加，即由于大分子的分解，反应朝着生成小分子的方向发展。具体有：由于淀粉的分解造成甜味成分增加，由于蛋白质的分解导致鲜味成分氨基酸增加，由于脂质的分解产生独特香味等反应。

在与这种熟成相关的反应中，有很多酶起作用。在发酵的过程中，目前已知的可使食品成分“零乱分散”的酶很多；但与之相反，可使食品成分“连接拼合”的酶人们却所知有限。目前已知的一种连接拼合酶是转谷氨酰胺酶。

转谷氨酰胺酶主要有促进常见氨基酸——谷氨酸和赖氨酸结合，从而使其所属蛋白质之间架桥（共价交联）的功能。这是广泛存在于微生物及动植物等中的自然界常见的酶，在动物的皮肤中特别多，具有通过架桥反应提高皮肤表面的物理性强度或增强保湿功能的作用。

在食品行业，放线菌产生的转谷氨酰胺酶，被日本味之素公司以“Activa”（在其他国家销售时称“Meat Glue”）的商品名称进行出售，作为一种食品物性的改良剂被广泛应用。

现在，大概在把水产品磨碎后搅拌进其他材料的鱼糕等熟食品加工领域，这种酶应用得最广泛。通过转谷氨酰胺酶的使用，可以轻易地实现恰到好处的弹性、柔嫩的口感等。在这之前，是利用钠或钙等矿物质盐来改善口感的；与之相比，转谷氨酰胺酶具有不影响味觉或风味的优点。而且在制作面条的行业，也通过这种转谷氨酰胺酶的应用，使面粉的蛋白质之间交联拼合，提高了弹性，可以做出非常筋道的面条。这样的面粉做成的拉面之类煮好后放置一会儿也不容易使汤变糊，能够保持筋道好吃的口感。

转谷氨酰胺酶最轰动、备受关注的，大概是在肉类加工行业的应用。不仅提高了香肠的"香脆"、火腿的"多汁"等口感，还可以把转谷氨酰胺酶的粉末撒入碎肉片中，涂匀后用保鲜膜包好放置一边，第二天就可以变成非常不错的烤肉用原料。这种转谷氨酰胺酶的反应，是让肉和肉的接触面通过本来就有的酶促反应交联拼合，所以通过转谷氨酰胺酶结合的肉，外观看上去和一般的肉类基本没什么区别。这种肉不同于用源自牛奶的酪蛋白钠或卡拉胶，即所谓的结合剂压制成型的肉。因此，转谷氨酰胺酶也被称为肉的黏结剂，被一些餐馆所使用。

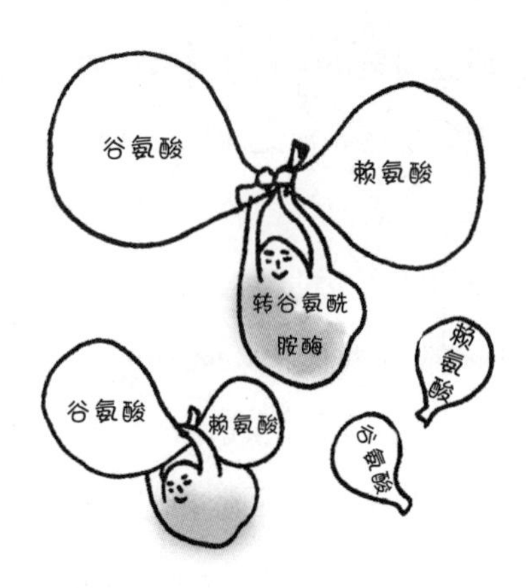

还有一种更奇特的使用方法，纽约餐馆"wd~50"的主厨怀

利·迪弗雷纳（Wylie Dufresne）把切成圆片的小萝卜和明胶一起重叠排列，再撒上转谷氨酰胺酶粉末，制作了一块小萝卜板。把柔软性良好的萝卜板切成适当大小，小萝卜皮的红环上下重叠，形成颜色鲜艳的立体造型，这成为一种崭新的食材。除此之外，迪弗雷纳还用转谷氨酰胺酶制作95%以上是用虾仁做的意大利面，别名叫作“面的再发明”。

转谷氨酰胺酶通过让蛋白质之间进行化学反应，创造出了口感丰富多彩的食物。而且因为这是食材本身所具有的结合，所以接合处非常自然，且对风味没有太大影响。把食材原有的风味和崭新的质感结合在一起的转谷氨酰胺酶，目前已成为分子烹饪领域的重要烹饪工具。

第4章

chapter 04

烹制美味食物的科学

1 在烹制美味食物之前

美食要从纵观食物的整体流程开始

烹调中的“虫之眼·鸟之眼”

工作时有两个观点被认为非常重要，即“虫之眼·鸟之眼”，意思就是“用虫之眼把问题特写化，从而进行更深入的思考，与此同时还须以鸟之眼从高处俯瞰，做到全景了然于胸”。日本人有一种文化，即对能磨炼“虫之眼”、把一门手艺做到极致的“匠人”非常尊敬。而另一方面，对自身所在行业要全局通观，同时还须了解外面世界动向，这样的“鸟之眼”，不进行有意识的磨炼是很难养成的。尤其是研究类的工作，很容易成为局限于自己专业、封闭自守的职业。

我认为在烹制美味食物时，这种“虫之眼·鸟之眼”也很重要。要从分子烹饪学的角度来考虑食物的微观构造，而在此基础上还须从宏观角度俯瞰并了解食物的周边领域，我认为这关系到能否进一步提升食物的美味。当然，即使没有这种眼光也是能烹制食物的，但在热爱美食的日本，如果只考虑餐桌上的食物，很难推陈出新、让人满意。在开发新颖食物的问题上，具备宽广的视野至关重要。

食物的时间轴

一般来说，从获取食材进行烹制，到吃完后在身体中变成营养为止的“食物流程”大致如下：

> 生产·采选→加工·制造→储存·流通→烹制→摄取→消化→吸收→代谢

蔬菜或水果等农产品、肉类或牛奶等畜产品、养殖的鱼等，是通过人工培育生产的；而野菜、野味、天然鱼类等是通过采撷获取的。在烹制美味食物之前，很重要的一点是要了解所用食材是在怎样的环境下生成的。收获后，有些食材会被原封不动地直接送到我们手中，但多数食材会经过食品企业的加工后，通过适当的温度管理等手段被储存，然后进入流通环节，再被摆放到集市或进入超市等。

我们购买这些食材，然后进行烹制，把食物摄取到体内。食物在消化系统内被消化，经过吸收后被摄入我们体内。食品分子会到达身体的各个角落，通过代谢变成让身体活动的能量或身体的零件。

我认为把握食物流程从上游到下游的时间轴，对今后的烹饪来说可能会成为不可或缺的要素。例如，菠菜是在怎样的土壤环境中生长的？酱油是用什么方法制造，又是怎样流通的？用很多橄榄油做的菜肴会对消化产生怎样的影响？诸如此类。

要详细把握食物流程的各个环节，即使是这个行业的专家都很难做到这一点，但我认为要烹制出新生代的食物，须有象棋和围棋大师那种纵观全局的大局观，养成从这一立场来考虑食物整体情况的习惯，这在今后会越来越重要。

厨房以外的好奇心

在食物流程中，我们最关心的大概是烹制完成后的食物吧。平常不做饭的人眼中的吃食，不是食材，而是进行烹制操作后的成品。

就如电视节目等媒体上食物信息到处泛滥那样，不管男女老少，很多人对食物都是按字面意思来理解的。在食物流程中，很多人感兴趣的对象既不是流程开始时的生产，也不是结束时的代谢，肯定是离我们身边更近的、已烹制好的食物。我感觉社会上对食物过于关心或执着，有点儿失衡感。

但是，最近人们对打理家庭菜园、参观食品加工厂以及了解食品和健康的关系等的兴趣提高了，开始关注食物流程中成为“黑匣子”的部分（不为人知的神秘部分）。我希望大家不要把好奇心仅局限在厨房，而应走进田野、牧场、大海等自然环境中，把好奇心扩展到厨房外的世界。

烹饪和加工技术的发展

烹饪和加工的区别

烹饪食材和加工食材有什么不同呢？ 一般来说，食物的制作是指“通过在厨房的操作，把食材从生鲜状态烹制成可以端上餐桌的状态”，从时间上来说一般这个过程是连续进行的。但是这种操作根据实际情况的需要，可以被中断，稍后继续进行。从开始到中断之前的操作被称为加工，这与烹饪是有区别的。

随着科学技术的发展，加工主要指把食材制作成便于烹饪的一次加工食品或二次加工食品等低端工艺。另外，烹饪有时也会进行类似的食材处理，但总的来说，烹饪可以被定义为食物制作的高端工艺，主要对加工制作的食品进一步处理，烹制成可以直接放入口中食用的状态。

此外，从规模来看，加工是以非特定的多数较大型集团为对象的，与之相比，烹饪则是以家庭、餐馆等特定的少数集团为对象的。而且加工一般在食材的产地附近进行，原则上具有品种少、产量大、

质量稳定、能长期保存、需要包装等特点；而烹饪是在离消费者比较近的场所进行，具有品种多、产量少、嗜好优先、无须使用保鲜剂、无须包装等特点。

但是，最近半成品食品和外卖食品增加了，所以烹饪和加工的界线逐渐开始变得模糊。而且随着低廉的冷冻食品、真空包装食品的出现，烹饪的外包服务日益发展，人们越来越多地使用不太需要在家里进行烹制的食品，减少了蔬菜或鱼贝类等生鲜食材的使用。现在，用昆布和柴鱼干熬制高汤的这种基本烹饪操作，可以说已变得非日常化了。就像自己买布裁衣的人与以前相比变少了一样，今后，烹制菜肴成为兴趣爱好或一种娱乐方式的趋势正在不断加速。反过来，这也许意味着从素材开始进行精心烹制的这种做法，将会更具稀缺性价值。

高压加工技术带来的新鲜口感

新的食品加工技术从食品企业的制造层面开始发展，有时会最终逐步波及家庭烹饪层面。在最新的食品加工技术中，也许潜藏着革新型的烹饪技术。下面介绍一种今后可能会被应用到烹饪上的高压加工技术作为例子。

在烹饪中，火的作用非常大。如果烹制食物时不用火，能做出来的食物非常有限。但现在，不用火而用 4 000~7 000 个大气压的压力对食品进行压制加工的食品处理法备受瞩目。被称为世界上最深海沟的马里亚纳海沟，在海底约 1 万米深处，气压达 1 000 个大气压左右。据了解，目前我们身边是没有这种超高压的。

这种压力施加到食材上，可以把构成食品的分子挤压成密度很大的状态。这会使分子发生物理性变化，大分子的蛋白质或淀粉会呈现与加热状态时非常相似的现象。

但与热处理相比，压力处理给食材带来的能量明显低很多，所以不容易引起化学反应。因此，食材的颜色或香味基本不发生变化，能保持天然状态；维生素 C 等加热后通常会遭到破坏的营养成分也损失得比较少；而且高压加工技术不产生异常物质或异味，能产生和加热时完全不同的独特物质，与热加工相比节省能源，有着诸多绝对优势。

我曾使用日本神户制钢公司所制造的高压处理装置，和学生们一起做过对鸡蛋的高压处理。给带壳的生蛋施加 6 500 个大气压的静水压力，外面的蛋壳保持原样，而里面的蛋白和蛋黄会凝固成煮蛋状态。

“表面看上去像煮鸡蛋，但保留了生蛋的风味。”

“蛋黄糯糯的、蛋白具有很脆的口感，非常有趣。”

我们做出了以往从未体验过的新式鸡蛋料理。

高压烹饪的未来

回顾一下食品的高压加工历史，1987 年京都大学名誉教授林力丸提倡“在食品加工中，使用压力技术取代以往的热加工，可以不影响食品的风味或营养价值，并且起到杀菌作用”，这是一个重大转折点。之后在日本，用于食品的高压技术开始受到人们的关注。1990 年，作为世界上首次出现的超高压加工食品，日本明治屋公司制作的“高压果酱”开始在市场上销售。我品尝了一下，由于没经过加热，所以香味非常清新，颜色也很鲜艳。

就这样，在作为食品高压加工技术发源地的日本，高压处理食品迅速发展到实用化阶段。近年来，食品的高压处理在海外也备受关注，在西班牙和美国等地，高压技术被应用到腊肠、火腿等肉产品加工中。

全世界被用于食品制造产业的高压处理装置，在从 2000 年到 2008 年的 8 年间，增加了 10 倍；4 年后更是翻倍。由于大型高压处理装置本身的价格非常高，所以不是餐馆或个人能轻易购买的；但如果今后进一步普及，说不定什么时候低价化潮流就会来临。现在很多家庭都有的微波炉，1961 年时曾售价高达 125 万日元，而我大学毕业后第一个月拿到的工资才 1.36 万日元。鉴于昂贵的微波炉不断呈现的低价化，估计通过技术革新，食品的高压处理装置普及时代很快就会到来。

借助高压装置，也许可以品味到加热烹饪无法做出的、用香味丰富的蔬菜或水果酱做的食物，或有着前所未有风味和口感的肉类和鱼类食物等。

烹饪三要素

烹饪要素的变迁

烹饪是把米、小麦、芋类、大豆、蔬菜等植物性食品，乳、肉、蛋、鱼等动物性食品，以及调味料、香料等各种各样的食材，用菜刀、锅、炉子等烹饪工具，通过切、烤、煮、炒、蒸等烹饪操作来完成的。也就是说，如果分解一下，烹饪可以说是由食材、工具、操作这三个要素构成的，这些要素的具体内容随着时代的变迁不断发展。

从食材来看，以前的蔬菜更具野味，水果和现在市场上卖的相比，大多也是甜味少、比较酸。人类通过反复试验，不断地改良食材的品种或选拔育种，最终培育出更安全、更美味、营养更丰富、产量或收获量更高的蔬菜水果以及家畜。

烹饪工具和设备也经历了日新月异的进化。特别是烹饪中基本的用火进行的加热烹调，在人类烹饪历史中得到了不断改良。例如，在地上挖个凹坑架上火的地炉，以及使用耐热材料围砌的灶，在江户时代发展成了小型的便携式七孔灶。到了现代，炉子、微波炉、电饭煲、电热水壶、烤箱、电热板……烹饪工具的高性能化和专业化不断发展。

此外，即使使用同样的食材、同样的烹饪工具，对于厨艺新手和专业厨师来说，烹制出的食物也有着天差地别，所以由人进行的烹饪操作给食物的美味造成的影响程度是最大的。特别是使用盐、胡椒等调料决定食物味道的调味操作，就像其字面上的意思那样，根据每个人调料用量的不同，味道也截然不同。烹制食物时最容易失手的一个操作，大概就是“味道太浓”“味道太淡”之类调料用量的失误吧。

烹饪的“F1 化”

人在烹饪（尤其是调味）过程中的所有操作，会影响最终表现出来的食物风味或质感。这种影响，如果是在家庭中，在用量杯、量勺来计量材料等入门阶段的操作上就会有所体现；如果是日式高级料理店，会体现在用昆布和柴鱼干熬制头道高汤、把鱼切片摆成漂亮的刺身拼盘、根据不同的食材调整合适的温度和时间来制作天妇罗（又作天麸罗）等所有烹饪工艺中。

但是，在家庭餐馆等餐饮业，正在通过烹饪操作规范化不断提高美味食物的可再现性，以尽量避免人工烹饪操作引起的误差。之所以能够实现这种再现性，是因为烹饪前的加工过程是在工场规模的中央厨房进行的，以及烹饪工具精确控制温度和湿度的性能获得了显著提高，所以相对地人工操作的重要性就降低了。

就像世界上最高水平的赛车“F1”（一级方程式锦标赛）中，与赛车手操控汽车的技术相比，赛车性能所占的比重较之以前大大提高了；同样，我认为与人的烹饪技术相比，烹饪工具在烹饪中所起作用不断扩大的趋势也非常明显。

专栏10 加热烹调让人的大脑进化、身体退化？

在科学领域，约从1990年开始就经常能听到“21世纪是脑科学时代”这种说法，脑科学热潮很早之前就开始了。要说区分人类和猿猴的标准，标准很多，例如是否有语言能力、手指的灵活度等，但可以说最大的区别还是大脑的不同。

据有关人类进化的最新研究称，我们祖先学会用火进行烹饪这个技能，是促使大脑变大的一个转折点。根据巴西里约热内卢联邦大学的团队研究称，把各种各样灵长类动物的身体和大脑的重量与能量摄取量进行比较后发现，要促进身体或大脑的发展，必须大量摄取食物，这一点已获得了科学验证。

大脑在人类的内脏器官中，重量仅约占体重的2%，但消耗的能量占整体的20%，是高耗能器官。因此，如果不能摄取充分的营养，大脑就无法变大。大猩猩那样的大型类人猿，虽然体积比人类庞大，但因为只吃生的植物或果实，在目前的饮食生活状态下要变得像金刚那样巨大是非常困难的，体重最多能达到200千克，这已是极限。而且在摄取的能量中，如果用于增大或维持体积的能量变多，用来促使大脑变大的能量就会所剩无几。因此，大猩猩的大脑重量约为450克，只有重量为1 200~1 400克的人脑的约1/3大小。此外，自然界能够确保的食物量、寻找食物的时间以及一天中的用餐时间等都有限制，所以身体和大脑的大小自然就有极限值。

在这种食物和时间都受限制的环境中，人类祖先就被迫徘徊在是把摄取的能量供给身体还是大脑的分岔路口。那时，我们的祖先通过权衡，认为相比于体格的大小，增加大脑的神经细胞数量更为重要，所以选择了“重视大脑”这条道路。前面说到现代人的祖先——直立人学会用火烹饪，这使得人类祖先的大脑尺寸在 250 万年前到 150 万年前之间，从 400 克迅速成长到 900 克，增大到原来的 2 倍多。加热烹饪可以说是打破大脑增长限制的原动力。

那么，未加热的食材和加热的食材相比，“能量效果”是不是确实不同呢？哈佛大学的研究员们证明，通过加热烹饪可以提高食物中营养成分的消化和吸收率。给实验对象小白鼠分别吃生的红薯及牛肉和烹制过的红薯及牛肉，虽然热量一样，但吃了烹制食物的小白鼠体重比吃生食的小白鼠增加得多。这就意味着由于烹制食材的环节替代了消化，因此人就会获得更高的热量。通过烹饪，能量得到有效摄取，具有更大体格、更复杂大脑的人类诞生成为可能，这就是科学印

证的结果。

纵观现代日本或其他发达国家，人类已不需要在树林中到处寻找食物，身边有充足的食物，生活在“饱食世界”。食用大量的砂糖或油脂、食物软嫩易食、过量摄取精制度较高的加工食品等，使得人们体重增加，并加大了肥胖、高血压、糖尿病、心脏病等不良生活习惯所致疾病的患病风险。因此就出现了一种与以往通过提高精制度追求美味的趋势立场恰恰相反的、不可思议的状况，产生了在普通的白米中混合杂粮的杂粮米、不用平常的白面粉而用全麦粉制作的面包等。在现代饮食生活中，加工和烹饪操作某种意义上有着把身体推向“退化”的一面。

对于现在的我们来说，把食材简单地烤或煮一下，用这种最基本的操作烹制的饮食可能更健康，因为人的身体无法适应过量摄取偏重追求能量效果的加工食品。在发达国家，肢体肥大化，即肥胖这种“过于进化导致的退化”现象很常见，由于生活习惯所致疾病的患病率也不断上升。

但另一方面，也有研究者说人类大脑的大小还没有达到极限。也许数十万年后，会出现一种新型人种，能把从加工食品摄取的过剩能量只用于脑的增大，而不是用于肥胖等肢体增大，且具有神经元作用比现在活跃数倍的代谢系统。

2 烹饪工具

最实用的烹饪工具——菜刀

最低限度的厨房用品

现代社会不断有新的烹饪工具出现。到目前为止，我们家陆续购买了轻便电炉、格子松饼机、荷兰烤肉锅、硅胶蒸锅、烤面包机、切片机等各种新的“厨房小道具”，之后逐渐不用，就放在水槽下闲置了。“在烹制美味食物的过程中所需的基本工具”——这种最低限度的厨房必用工具是什么呢?

例如，对于高中毕业离开父母开始单身生活的烹饪新手来说，一定要买的烹饪工具大概有菜刀和切菜板、锅和汤勺、平底锅和锅铲，再加上烹饪电器电饭煲和微波炉，还有冰箱。有了这些，在家里应该能做饭了吧。

日语中最初表达传统烹饪的词汇“割烹”，是由表达“切”意思的“割”和表达“加热”意思的“烹”构成的。如果这两个操作是烹饪的基本动作，那切割工具和燃火工具可以说是必须具备的最低限度“烹饪武器”吧。因此，烹饪工具可以大致分为非加热工具和加热工具两大类型。下面，我们来看看这两大类工具各自的特点吧。

非加热工具有计量勺、量杯、秤等计量用工具，菜刀、切菜板、削皮器、多功能食品加工机等切碎用工具，打蛋器、饭勺、刮刀等混合或搅拌用工具，料理机、刨丝器、研钵等磨碎用工具等。

假设这些工具中，只能带一种工具到无人岛，大家会选哪种呢？如果是我的话，可能会选菜刀。如果没有菜刀，处理捕获的鱼或切剁采摘来的野草时，肯定会感到很头疼。在烹饪过程中，没有哪个工具比菜刀更具存在感。

菜刀由于材质、刀刃的打造方法、刀刃宽度等的不同，有着繁多的种类。有所谓的“日本菜刀”“西洋菜刀”“中国菜刀”，刀刃的形状有双刃、单刃，材质有钢制、不锈钢制、瓷质等。钢是铁和碳的合金，再添加铬、镍后形成不锈钢。不锈钢菜刀由于表面会形成氧化铬的膜，不会像钢制菜刀那样容易变成氧化铁，所以不会生锈。但不锈钢菜刀不太好磨，所以如果平常能做好保养的话，还是钢制菜刀更锋利。

切菜板的电脑化

此外，承受菜刀切剁的切菜板有木制或合成树脂制等种类，使用时与刀刃的接触方式、食材的易滑性也各有不同。

曾有一个非常令人感兴趣的报道，2013 年 10 月，夏普欧洲公司曾发布了搭载有触摸屏的“Chop-Syc”（互动切菜板）原型。切菜板上能显示菜单，可以边看菜单边进行烹饪操作。还有其他功能，比如可以当作电子秤来称量食材、可使用计算功能算出与用餐人数相符的食材分量等。

像智能化手表或眼镜等带在身上的“可穿戴计算机”受到人们的关注那样，烹饪工具或烹饪机器的烹饪智能化也在不断发展，也许今后可以发展到冰箱能给我们显示冷藏食物的保质期、菜刀或切菜板可以指导我们食材要切成多大规格等。

多样化的加热用烹饪器具

三种传热方法

除切剁工具之外，在烹饪中不可缺少的加热工具有各种锅、煤气灶等热源专用器具，以及电饭煲、烤箱等加热用烹饪电器。

锅被用于各种各样的加热烹饪，形状、大小、材质不同的锅应有尽有。根据烤、煮、炒、蒸、炸、焖等不同的烹饪手法，以及日式、西式、中式等不同的烹饪风格，可以选择符合使用目的的锅。

对食材进行传热的方法主要有三种：传导、对流和辐射。传导是指两种东西直接接触在一起，然后传递热量，比如用平底锅烤煎饼等这类现象。对流是通过热的物体对冷的物体进行作用，使热量传递，比如用烤箱烤面包、用热水煮蔬菜、用蒸锅蒸玉米等。辐射是通过电磁能量（微波或红外线）的辐射向食材传递能量，微波炉或炭火烧烤就属于辐射。

下面来看一下我们生活中多到不可思议的微波炉和“IH 烹饪器”的特点吧。

身边的神秘之箱——微波炉

很多新技术都是以军事技术为基础发展而来的。微波炉以激光技术为基础，1945 年在美国被研究开发，用“Rader Range”的商品名称在市场上进行销售。而在日本，微波炉最初是做商务用途的，约 1970 年才开始在家庭中普及。微波炉刚走入家庭时，由于不用火就能加热，让人感觉非常不可思议，所以成为当时的热门话题。烤箱内部并没有变热，但食物中却能冒出热气，饼能变成刚做出来的状态，简直就像魔法一样轰动一时。

没有哪种烹饪工具会像微波炉这样，就在我们身边，但我们却并不十分了解其工作原理。微波炉的原理是从烤箱内一种叫“磁控管”的真空管中放出微波，微波是一种波长为 1 毫米到 1 米的电磁波。微波被食品吸收后，食品中的水分子会进行高速的反复翻转运动。日本的微波炉频率为 2 450 兆赫，所以水分子在一秒钟内能进行 24.5 亿次振动。这种分子翻转运动是食品内部发热的原理。人们常说“通过微波作用，水分子之间相互摩擦产生热量”，这种说法其实是错误的。

食品的每种成分吸收微波的难易度都各不相同。水分子吸收微波的效率很高，所以水分含量多的食品发热量也多，温度上升就快。而另一方面，油吸收微波的效率比较低，所以含有少量油的食品，因为微波太易通过含油部分而很难进行加热。此外，含食盐的食品，由于微波很难到达食物内部，所以可能只是表面变成高温。利用这一原理，可以在肉的表面撒上盐，然后用微波炉把肉加热，做成半熟的嫩烤肉。

IH 引起的厨房革命

“IH 烹饪机”中的“IH”，取自意为“间接加热”的英文词汇“Indirect Heating”的开头字母，是指利用电磁感应进行加热的方法，1970 年由美国最先发明。IH 烹饪机面市的背景，是当时社会上存在一种需求，为防止烹饪器具引起的煤气爆炸或火灾，希望所有住宅电气化，所以要求烹饪器具必须具备安全性、清洁性、高效性。

IH的原理是，利用变压器产生高频率交流电，然后让电流流经IH烹饪机内部发出磁力的线圈，形成磁力线；进而产生贯穿放在顶板上的锅的“涡电流”，在电流流经锅内时，由于锅的电阻，锅自身会发热。

IH也被应用到电饭煲或电热水壶等中，普及程度超乎我们想象。IH烹饪机的热效率大约为90%，与电炉的70%、煤气炉的40%~50%相比，优势明显；但另一方面，如果锅接触不好的话就不能加热，所以缺点是不能直接烘烤。

能够用于IH烹饪机的锅，必须锅底是平的，而且是含铁磁性体（铸铁搪瓷或不锈钢）制的锅，而铜或铝制的锅因为电阻很小或发热量少，一直以来都被认为不能使用。但最近通过增加烹饪器内的变压器数量实现了高火力，所以出现了就算用非磁性的不锈钢锅也能准确导热的高功率IH烹饪器具。

作为烹饪工具的实验仪器

使用实验器具的分子烹饪法

斗牛犬餐厅的主厨阿德里亚、肥鸭餐厅的主厨赫斯顿·布卢门撒尔等，把实验室的仪器作为烹饪工具来使用，使烹制各种新奇食物的可能性不断扩大。

常用于大学的有机化学等实验的、让液体在减压状态下进行蒸发或浓缩的“旋转蒸发器”，在很早以前就被引入到烹饪领域。通过减压降低溶媒的沸点，这样，即使在较低温度下也能很容易地去除液体，所以常被使用于从水果中浓缩提取香味浓郁的香料等场合。还有“离心式分离器”也被应用到烹饪中，例如，把西红柿汁或桃酱分离成沉淀的固体部分和澄清的液体部分，就可以产生不同的食材，目前正在开发能发挥利用这些特点的新食物。

在科学实验中使用的实验仪器，被当作是可应用于烹饪的道具库。特别是与分离、浓缩、干燥、搅拌、提炼、调节温度等相关的器械，被高度细分化，一些很讲究的、新颖的道具非常齐备。

例如，要把某种食材干燥后做成粉末时，使用能够灵活操控冷却和加热的“冷冻干燥机”，可在完全保留食材原有风味的状态下使食材粉末化。如果再把这个粉末用有各种网眼的“震筛机”筛分成微米尺度的粒状，还可做出各种不同口感的粉末。

此外，科学器械中还有能粉碎得很细且均匀化的“均质机”、细齿高速转动式机器、能把柔软的动物脏器等均匀粉碎的玻璃和特氟龙材质的机器、把坚硬的牙齿或骨头用带硬齿的秤锤粉碎的机器、用超声波在细胞层面进行粉碎的机器等，利用这些器械能把通常无法混杂搅拌的食材完美地一体化。

用显微镜观察动植物的组织或病理标本时，有一种显微镜切片机可以把实验材料切成非常薄的切片。如果利用这个机器把冷冻的鱼切成薄片，可以做出几微米厚度的生鱼片。利用通过高速射出金属微粒把 DNA 导入细胞内的“基因枪法”，也许可以在细胞层面成功地把调料的香味粒子打入肉的细胞中。

实验器具的危险性

用于实验的器具大大提高了产生新颖食物或新烹饪方法的可能性，但如果不能正确使用这些道具，有时也会引发大事故。

常被用于研究领域的液氮，现在也常被使用在烹饪领域。但在 2009 年，德国的厨师使用液氮烹制食物时，因操作失误把液氮喷向了自己的双手，引发了惨痛的事故。造成这一事故的原因目前还不明确，有可能是液氮的保存容器被密封后导致的。

氮的沸点是零下 198 摄氏度，所以液氮在室温下会持续蒸发。即使保存在绝热容器中，实际上也不可能完全绝热，氮会在容器中不断蒸发。液体如果发生气化，体积会膨胀至大约 700 倍，所以如果把装有液氮的容器密封，蒸发的氮气会形成无法想象的高压。因此，盛放液氮的容器绝对不能密封。还有，液氮一旦接触到人体，会导致冻伤；如果发生进入眼睛这种严重情形，还会有导致失明的危险。因此，使用时要注意，必须佩戴皮革材质的手套和护目镜。

把实验器材用于烹饪时，要进行最大程度的安全管理和学习，由了解使用方法的人进行讲解，只有掌握了原理和使用规则的人才能使用这些工具。

专栏 11 人类史上最伟大的烹饪工具是什么？

现代人类的繁荣是建立在能确保稳定充足的食物这一基础上的。一直以来，人类为了获得支撑生命的食物，消耗了惊人的精力，很多先辈都致力于与食物相关的许多研究和发明。

2012 年 11 月，英国皇家协会的科学学会发表了“饮食史上最重要的 20 项发明”排行榜。据说是由诺贝尔获奖者们的同事们选出来的，其结果如下：

> 1. 冰箱；2. 杀菌，灭菌；3. 罐头；4. 烤箱；5. 灌溉；6. 脱壳机，联合收割机；7. 烤制（烘干）；8. 选拔育种，系统栽培；9. 粉碎，制粉；10. 锄头；11. 发酵；12. 渔网；13. 轮作；14. 锅；15. 刀，菜刀；16. 餐具；17. 软木；18. 木桶；19. 微波炉；20. 油炸。

这个排行榜从我们身边家庭中就有的冰箱、微波炉等家用电器，到灌溉、选拔育种或品种改良、锄头等生产食材的领域，各种各样的发明涉及的范围非常广；但排名前三位的，都是与食品储藏或保存相关的发明。从这里我们可以了解到，长期以来人类在如何保证食物的安全及美味问题上，曾付出了多少努力和智慧。

与之相比，烤箱、微波炉等用于烹饪的工具却排在第四位及之后，这意味着对人类来说，战胜棘手的微生物、确保食物的安全更为重要。人类的这一判断完全正确。不过，这是英国的排行榜，如果在日本也进行一个类似的排名，又将会是怎样的结果呢？ 也许有着日本独特文化影响的发明会被列入这个排行榜吧。

排名前 20 位的发明，在现代生活中用惯的东西也位列其中。正因为我们用惯了这些东西，所以不太容易意识到其重要性，但这也说明无论其中哪一样都可以认为是伟大的发明。

3 烹饪操作

简单而又深奥的切菜操作

菜刀背后的科学

烹制食物时，使用菜刀切剁食材的工序出现频次很高。而要掌握这种切菜操作的技巧，不是一件容易的事。

西式烹饪或中式烹饪中使用的西洋菜刀、中国菜刀是双刃刀，日

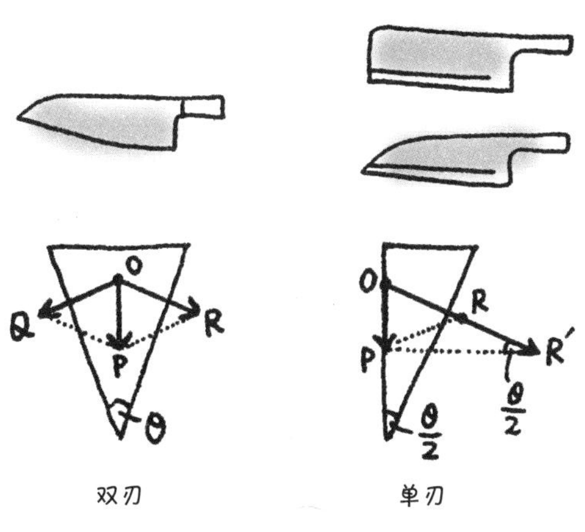

图 4–1　菜刀的种类和菜刀承受的力

本烹饪中的日式菜刀基本上是单刃刀（图 4–1）。单刃刀是日本独创的菜刀，有刀刃的那面是正面，没有刀刃的那面是背面，菜刀正面和背面的快钝是不一样的。当然，单刃刀会打造成两种，分别适合左利手和右利手使用。掌握了单刃菜刀的用法，就可以做出刀工高超、外观细腻且美轮美奂的日本料理。

使用单刃和双刃菜刀时，如果用同样的力气按压，菜刀所承受的力量也不同。如图 4–1 所示，用同等力量（*OP*）把菜刀往下切压时，双刃刀的力量（*OQ*、*OR*）会向两侧均等分散，而单刃刀的力量集中作用于一侧（*OR*' =2*OR*）。就是说，用单刃刀时，如果要达到和使用双刃刀时同样的效果，切压时的力量只要双刃刀的一半就够了。而且切容易变形的东西时，食材反弹给菜刀刃的阻力比较小，所以为了避免给食材其他部分造成压力导致散形，可能用单刃刀比较好。

刀刃尖的角度（θ）比较大的厚刃菜刀等，刀刃厚的话，把食材往横向挤压的力量作用就会大，刀刃虽然不锋利，但可以一刀切断坚硬的东西。而刀刃薄的削皮刀等，虽然比较锋利好切，在进行细致的精雕细琢时很方便，但缺点是只能用于质地比较软的食材。

除了菜刀的种类，运刀方法也很重要。基本的切法有垂直压切、推拉切和片切（如图 4–2）。

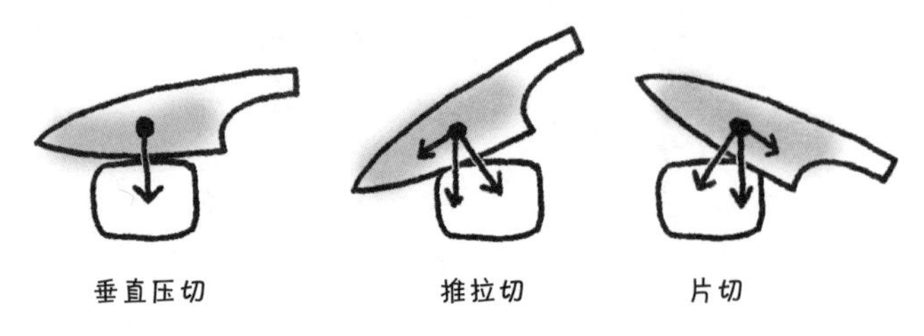

图 4–2　菜刀的运刀方法

垂直压切是通过把菜刀垂直往下压住食材这种方式来进行的切法，适用于切豆腐之类比较软的食材；而推拉切、片切是通过菜刀下压或上提时的力量与垂直作用于食材时反弹到刀刃上的力量的合力来进行的切法，推拉切的例子有切蔬菜，片切的例子有切生鱼片等。

切是一种极致的烹饪手法

鱼和贝类做成生鱼片时的刀法，不叫切，而是用“片”这个字来表达的。片切这一动作中，与垂直压切相比，隐藏着一个优点，即可以在把从上往下压的力量控制在最小的同时切开食物。生鱼片菜刀（章鱼切菜刀）或柳叶形菜刀为了能快速片切，刃身一般打造得比较长，有的甚至长达 30 厘米以上。

仅用“切”，可以说是制作生鱼片的极致烹饪手法，也是原创日本料理的代表。不同的切法产生的外观和口感也完全不同：一气呵成连续片切而成的鱼肉切割面，是像玻璃表面那样的平面，所以生鱼片显得很有光泽，食用时会有细腻滑润的口感；相反，如果用很强的力量，像要压碎食材那样的切法，鱼肉会变形，切割面就比较乱，不仅是口感，外观也会受影响。

分别用磨得很锋利的菜刀和比较钝的菜刀切生鱼片，然后用电子显微镜观察各自的切割面。锋利菜刀切的生鱼片切割面，肌纤维能够保持原来的状态；与之相比，钝菜刀切的生鱼片切割面，肌纤维发生变形，相互之间会产生空隙。如果肌纤维受损，不仅生鱼片的外观和口感变差，含有鲜味的精华成分也会流失，最终会影响味道。

乍一看生鱼片似乎没有什么像样的烹饪过程，但它背后有着制造日式菜刀的匠人过硬的手艺以及厨师操纵菜刀的高超技巧作为支撑，所以可以说是一道意境深远的菜肴。

加热和散热

加热烹饪 = 温度 × 时间

很多食材不能直接拿来食用，但加热后就可以食用。大米、大豆以及筋络较多的肉类等，通过烹调可以变得非常美味，当然这类食材本就不能生吃。即使可以生吃的食物，通过加热也能增加风味，口感会变得软嫩，这有利于防止食物中毒，也可以提高其在身体内的吸收率。

通过加热向食材传导热量，使得构成食品的分子的运动变得活跃，温度就会上升。温度上升后，食品分子发生反应的可能性就增大，温度越高，这种反应的速度就越快。这种结果会在食品中引起各种各样的物理反应。换言之，对食品进行加热烹饪，就是通过提高食品的温度使食品分子更容易产生各种反应。进行加热烹饪时，温度和时间的控制，即所谓的“TT 管理”（time and temperature control）非常关键。因为加热烹饪的化学反应，是由时间和温度这两大变量来决定的。

加热烹饪过程中的关键点就是，不仅要注意烤箱或烤架内的温度，还要留意食材内部的温度是否得到了控制。用 190 摄氏度的烤箱烤肉，哪怕只烤 10 分钟，也要考虑这个肉是事先放置在常温状态下的肉，还是刚从冰箱里拿出来的肉，不同的肉做出来的结果是完全不同的。烹饪时如果不考虑肉的表面和内部的“温度梯度”，可能就无法达到理想的烤制效果。

石烤白薯好吃得益于传热速度？

向食材传热的方法不同，最终做出来的食物也会截然不同。使用传导、对流、辐射等不同的传热方法时，化学反应的温度本身是不发生变化的，变化的是传热的速度。

例如，石烤白薯会比蒸白薯好吃，是因为石子烧热后通过热辐射慢慢向食材传递热量的方式，会使酶的作用时间更长，而酶能让白薯内的淀粉变成有甜味的糖分，这样白薯的甜味就会增加。研究还发现，豆浆加热时也一样，不仅是温度本身，如果提高温度时的速度不同，豆浆蛋白质分子结合体的大小也会变化。这关系到运输时的稳定性，以及做豆腐时是否容易凝固等。

冰镇烹饪法

说起烹饪方法，一般首先想到的是煎、烤、炖、煮等加热操作，但实际上做冰激凌时，把用热水溶化的明胶冷却冰镇、进行散热的操作也是烹饪方法的一种。有些餐厅已经开始把零下 79 摄氏度的干冰或零下 198 摄氏度的液氮等冷却剂广泛应用于烹饪。

美国芝加哥爱丽尼娅餐馆（Alinea）的主厨格兰特·阿卡兹（Grant Achatz），与技术人员合作研发，利用冰镇铁板把食材瞬间冷冻，烹制出了新颖的菜品。美国的波利塞斯（Polysciences）公司受格兰特的启发，制造了带有冷却功能的叫作“冷食扒炉”（Anti-

Griddle）的烹饪工具，并投入销售。

在冷却至零下 35 摄氏度的冷食扒炉上，放上一层薄薄的巧克力或奶油，在其热量被迅速夺走的同时进行烹饪，能做出内部仍保持黏糊滑润状态、只有外表变得咯嘣脆的食物。此外，在泰国的小吃摊上，有些店铺还出售模仿日式铁板什锦煎饼做法的卷筒冰激凌。今后，除冰激凌之外，能在客人面前用冰镇方法做出甜品或菜品的“冰镇铁板烧餐厅”，也许会很受欢迎。

为设计新颖食物而进行的添加

震惊世界的人造鲑鱼子技术

大家知道一种叫“鱼子酱橄榄油”的东西吗？ 这是一种把橄榄油做成胶囊的东西，由位于西班牙巴塞罗那郊外、名叫“球形橄榄油”（Caviaroli）的公司制造并销售。放入口中品尝时，它的口感像鲑鱼子那样“咯吱咯吱”有弹性。它的风味和原味橄榄油一模一样，搭配在素色的莫扎里拉奶酪、西红柿、咸饼干上，外观鲜亮，非常适合做开胃菜。

鱼子酱橄榄油之类的食品胶囊化技术，因斗牛犬餐厅主厨阿德里亚创作的菜品而一举成名。据说这种极具魅力的鱼子酱橄榄油是阿德里亚在访问日本时，看到日本的人造鲑鱼子制造技术后引发的创意。阿德里亚不仅把橄榄油，甚至把甜瓜果汁、沙司、鸡尾酒等食材也进行了“人造鲑鱼子化”，做成能在口中瞬间绽开的胶囊，从而震惊了全世界的美食家。

人造鲑鱼子是20世纪80年代日本富山县鱼津市的日本电石工业公司在世界上最先生产成功的。把褐藻酸钠水溶液滴入氯化钙水溶液后，表面会发生凝胶化，凝固成胶状物，人造鲑鱼子就利用这一作用制作而成。人工鲑鱼子制造是胶囊化技术的先驱，目前被当成一种烹饪实验而广泛进行，市场上甚至有专用的配套工具销售。

凝胶化剂在烹饪中的使用

在欧洲或美国一些前卫的餐厅，利用褐藻酸钠等物质陆续开发了有着新颖口感的食物。这种靠增稠剂实现的凝胶化，其作用在于增加液体食材的黏稠度，使其保持形状或完全凝固。这种利用增稠剂使液体周围覆盖上一层胶质的技术叫作“球化”（spherification），被阿德里亚等厨师们运用到了烹饪中。

此外，除了褐藻酸钠，还可以添加甲基纤维素、卡拉胶、卵磷脂、瓜尔胶、黄原胶等物质作为增稠剂、乳化剂、稳定剂，使液体发生凝胶化或乳化，或者改变食物的口感等，创造出各种新颖食物。

不同种类的增稠剂做出的凝胶，特征也各不相同。例如，琼脂是一种很早就被用于日式点心制作的强力凝胶剂，有些种类的琼脂，可以从凝胶中分离出液体，这被称为“离浆现象”。另一方面，卡拉胶虽不会引起离浆现象，但不能用于酸性食材。使用了柠檬（pH值为2）的卡拉胶将无法制作凝胶，所以就要使用其他增稠剂，或提高柠檬的pH值。

另外，甲基纤维素这种添加剂具有一些奇特的性质。一般来说，凝胶化的食品遇到高温时，容易失去黏度并变软，温度越低会越容易凝固，但甲基纤维素却恰恰相反，具有加热后会变成固体、低温时会变成液体的奇特性质。有一种很受欢迎的使用方法，叫“热冰激凌”，就是利用了它的这种性质。实际上这不是冰激凌，而是甲基纤维素固体化后的热奶油，这种物质在室温下进行冷却，反而会发生溶化。

新颖食物的关键是口感的设计?

在食品产业的历史上，一直以来都利用增稠剂来进行液体的凝胶化或沙司的乳化，从而改变食物的口感。同时，为了使食品质量稳定化以生产出可复制的食物，通常会使用增稠剂、乳化剂、稳定剂等食品添加剂。食品加工行业的这种使用方法，现在也被用到了餐厅和厨房。

在当今社会，如果想烹制以前未曾有过的新颖食物，很容易就能得到世界各地的食材，所以靠有新颖味道或奇特香味的食材取胜相当困难。就连日本冬季特有的风物——日本柚，也被阿德里亚等厨师们推广到了欧洲，现在甚至已从日本直接被出口到法国等欧洲地区。

因此，在烹饪过程中，为了追求口感的新境界，而非风味的新境界时，往往会使用食品添加剂。虽然有批评指出目前存在过度使用添加剂的迹象，但在我们想要做出什么新东西时，这可以说是必然会有的结果。在美味食物的设计上，通过添加剂来操控口感的做法，估计今后还会继续盛行。

专栏 12 3D 食物打印机之一——被美国国家航空航天局关注的理由

最近 3D（三维）打印机备受瞩目，食品领域也在尝试使用。目前在食品行业，描绘蛋糕或饼干表面的 2D（二维）插图或头像速写时，使用的是装有可食用墨水的喷墨打印机，但最近能制作立体食品的“3D 食物打印机”开始转移了人们的关注。

一直以来人们在进行着各种尝试，希望利用 3D 食物打印机，使用巧克力或砂糖等材料制作形状独特的点心。尤其是巧克力，市场上已经有“巧克力 3D 打印机”出售。但看了关于这类 3D 食物打印机的食品制作工艺的影像和视频，我对 3D 打印机能否在食品领域普及抱有怀疑。因为 3D 食物打印机制作的试制品和摆放在街头蛋糕店玻璃柜中手工制作的“作品”相比，太简陋单一了。在制作工业产品的原型之类时，如果使用 3D 打印机，具有掌握了数据就能用较低成本迅速制成的优点；但我觉得 3D 食物打印机在食物制作的实用化上，很难找出什么优点。“3D 打印机在‘输出’食物的技术上，无论如何比不上人类工匠的技术，所以 3D 食物打印机不会在食物领域普及。”近年来，受 3D 食物打印机相关报道的感染，我的这种看法逐渐发生了改变。

2013 年 5 月，NASA（美国国家航空航天局）向开发 3D 食物打印机的企业提供了 12.5 万美元的扶助金，这成为当时的热门话题。据这个企业向 NASA 提交的计划书称，这种打印机通过 3D 打印技术和喷墨技术，在喷墨盒里装入干燥的蛋白质、脂肪等主要营养素或香料之类，可以输出比萨等多种形状和口感的食物。

为什么 NASA 会出资开发 3D 食物打印机呢？ 这好像是针对长期停留在火星等星球上的宇航员，为了方便他们用3D 打印机“打印”出食物。

进餐不单是为了摄取营养，还有通过品味食物可以获得精神满足的一面。在这种功能中，质感起着非常重要的作用（参看第 2 章）。要让食品产生质感，就要全面、立体地制作食物，而 3D 食物打印机在这种食物的开发上，也许能做出巨大贡献。

此外，使用 3D 打印机不仅能很容易地制作精巧的东西，还有任何人随时随地都可以制作的优点，NASA 关注的可能就是这个特点。也就是说，3D 食物打印机可能会成为宇航员这种特定人员，在外层空间这个特定场所使用特定的食材来制作食物的烹饪器具。

这种打印机的用途不仅限于太空，还可以考虑将来发生灾害时，带着 3D 食物打印机去为受灾人员制作食物。我觉得“在最合适的时机能给现场提供最需要的东西”这一 3D 食物打印机的特性，也许会在食品领域给社会带来翻天覆地的改变。

第5章

chapter 05

极致美食的分子烹饪

1 极致美味牛排

要想烹制美味牛排还得自己养牛？

分子烹饪 ＝ 分子烹饪学 × 分子烹饪法

在第 1 章中已对“分子烹饪”下过定义，分子烹饪包含两个方面的内容，即解析潜藏在以往传统美食中的科学和利用新技术进一步开发美味。前者是立足于科学角度的“分子烹饪学”，后者是立足于技术角度的“分子烹饪法”。

本章使用分子烹饪的理论，对很多人都喜欢的三种食物，即牛排、饭团、蛋包饭的分子烹饪学展开讨论；并探讨通过分子烹饪法开发超越这三种食物现有形态的“超级牛排”“超级饭团”“超级蛋包饭”的可能性。

“超级食物”纯粹是我根据人们现在期待或将来会出现的新技术而进行的幻想烹饪。虽然这都是些目前绝对不可能做出来的东西，但从某种意义上说，科学家是一种必须抱有梦想的职业。希望本章的内容能让读者们放松心情，给大家带来“也许 50 年或 100 年后可能会出现”之类的期待。

吃牛排的“心情飞扬感”全世界通用

出国时，一般最想吃的东西肯定是当地的特色菜肴，但如果当地没有什么特色菜时，大多数情况下人们会去牛排店。吃牛排时的飞扬心情，感觉全世界都有。在肉食文化氛围比较浓厚的国家，牛排也是美食的代名词。

当经过反复考虑后才点的牛排被端上桌时，会有一种飞扬的心情，感觉体内一下子涌出了多巴胺。把牛排切成小块儿，放入口中细细品味时，会有一种 β– 内啡肽满满溢出的幸福感。这时，可以很容易地从人的表情读懂那一刻的心情。

在养育我长大的家庭，由于母亲认为牛肉不好吃这种超级主观的理由和经济方面的原因，餐桌上从没出现过牛肉做的菜肴。“无论如何都想吃牛肉！”在我的再三请求下，小学高年级的时候，我第一次吃到了并非猪肉冒充的日式牛肉火锅。蘸上打好的生鸡蛋液吃的牛肉，好吃得让人吃惊。从那以后，牛肉这种食材给我留下的美味印象更深了。特别是把牛肉块进行简单烹饪后就可食用的牛排，由于我幼年时的体会，这道菜肴让我觉得具有无法言喻的魅力。

美味牛排的秘密隐藏在饲料中

给加拿大报纸《环球邮报》专栏投稿的马克·史盖兹克（Mark Schatzker），在其著作《全球顶级牛排纪行》中记述了自己的体验。他以美国的得克萨斯州为起点，走访了法国、阿根廷、日本等 7 个国家，吃完总计 45 千克的牛排后，最终在书的结尾部分，得出了要自己养牛的结论。

要做出极致美味的食物，就必须全面了解食材的方方面面。想吃极致美味的牛排，首先必须找到极致美味的牛肉。尽管都是牛肉，但随着牛的品种、肥育期、营养状况，牛肉的部位以及环境的气候水土等不同，味道的差别很大。特别是牛吃的饲料，会使牛肉中的脂质含量发生变化。

脂肪较少的瘦肉最近比较受关注，但是脂质含量是牛肉美味的核心，脂质的构成分子承担着牛排美味的重要作用。因此，要采购到好吃的牛肉，事先必须要了解牛是吃什么长大的。

雪花牛肉美味的根源在于脂质

从生物学角度看，牛肉的脂质是由脂肪组织和支撑它的结合组织构成的，而脂肪组织是内部的脂肪滴增大后形成的脂肪细胞聚集而成的。构成骨骼肌的肌纤维束之间积蓄的肌肉内脂肪叫作“脂肪交杂”，牛肉中脂肪的交杂程度，即“雪花”状态是决定牛肉质量的重要因素。

如第 3 章中所看到的，脂质中的主要分子——甘油三酯是三分子的脂肪酸和一分子的甘油结合形成的。研究发现，软脂酸等饱和脂肪酸的含量相对较多的肉，其脂肪的熔点比较高；而油酸或亚油酸等不饱和脂肪酸含量较多的肉，其熔点比较低。熔点低，意味着食用的时候在舌头上容易熔化。橄榄或杏仁等干果类富含不饱和脂肪酸，研究发现，家畜吃了富含这类不饱和脂肪酸的食物后，果仁中的脂质转移到家畜的肉中，肉质会变得更加肥嫩。吃橡树果实长大的伊比利亚黑猪被认为是最高级猪肉的原因之一，就是橡实中的油酸转移到了猪肉中。

而且肉食中本来就含有的脂肪酶加热后会被激活，使甘油三酯发生分解，从而产生甘油。甘油分子尝起来是甜的，吃脂肪含量高的“和牛”（日本牛）牛排时会感觉甜，就是甘油三酯分解产生的甘油的甜味造成的。

脂质与肉的香味也有很大关系。特别是经过很好的熟成处理后的生牛肉，会发出一种类似乳香味的、内酯那样的甜香味。这种香味是含有一定量脂质的瘦肉，在有氧条件下熟成后产生的。目前认为这是在瘦肉中繁殖的低温兼性厌氧菌（不论有没有氧气都能繁殖且喜好低温的细菌）作用于棕榈油酸和油酸后产生的。此外，用雪花牛肉做日式牛肉火锅或涮牛肉时，也会产生一种独特的油脂甜香味。这种香味是脂肪交杂度较高的和牛牛肉放在有氧环境中，经过熟成处理后，用100 摄氏度以上的温度加热常会产生的一种香味。研究认为，这是因为熟成处理过程中产生的香味的前体物质，在加热处理时通过氧化反应转换成了香气成分。

也就是说，作为脂质主体分子的甘油三酯，对牛排的质感、味道以及香味等多方面都有影响。

肉的分子烹饪学——反“抗衰老”的领域

医疗的“老化”和食品的“老化”

要吃到美味的牛肉，首先要采购到好的牛肉；然后，要进行最适度的安静的熟成，这是肉食行业不可缺少的加工处理过程。

“熟成”的英文翻译最初是“aging”（老化）这个词，意思是上了年纪。“老化”这个词在日语中有“年龄增长，衰老”的意思。最近在美容方面常能听到“抗衰老”这个词，意思是抵抗年龄增长、抵抗老化。医疗领域的老化是消极意味比较强的词语，有应该克服的意思；而食品学领域的老化是带有积极意味的词语，目的是提高食品质量。

与其他国家的菜肴相比，日本料理中所用的蔬菜或鱼等食材，从采摘或捕获到用于烹饪，这之间的时间比较短。换言之，日本菜肴中大多数菜品都比较讲究食材的新鲜度或现采现用；但肉食却是切忌现杀现用的，肉食领域可以说是一个反“抗衰老”的领域。

肌肉变成食用肉时的阻碍

食用肉原本是家畜的肌肉，家畜通过肌肉的反复收缩和放松，使身体处于活动状态。要使家畜的肌肉变成食用肉，就必须屠宰家畜。但并不是屠宰后马上就会发生“肌肉 = 食用肉”，由于“死后僵硬”现象，肌肉会变硬，所以要经过熟成的过程让肉发生软化现象。

死后僵硬，首先是由于家畜停止呼吸，肌肉中需要氧气的生化反应停止，在没有氧气的状态下进行“无氧糖酵解反应”，分解糖原获取能量，开始积存乳酸。积存乳酸后，肌肉的 pH 值会降低至极限的

5.5 附近，收缩肌肉的能量源 ATP（腺苷三磷酸）也完全消失。然后，与肌肉收缩相关的肌原纤维蛋白质——肌球蛋白，通过和肌动蛋白进行结合形成肌动球蛋白，肌肉就变成收缩后的死后僵硬状态。变成这种状态后，肉不仅会发硬，保水性和结合性也会下降。

出现死后僵硬现象后，经过一段时间，由于肌肉中的蛋白质分解酶在酸性条件下产生作用，各种蛋白质发生分解反应，形成解除僵硬的软化现象。通过这一过程肉开始软化，这就是熟成的原理。

熟成的效用

熟成的首要目的虽然是让僵硬的肉发生软化，但这一过程还具有恢复死后僵硬时失去的一部分保水性，以及改善肉的味道和香味的附加作用。熟成过程中形成的质感及风味影响着食用肉的美味。

肉的鲜味成分氨基酸或肌苷酸等在熟成过程中会增加。氨基酸是肌肉的蛋白质在各种蛋白质分解酶的作用下分解形成的；肌苷酸是属于核酸类的鲜味成分，ATP 在各种酶的作用下，转换成 ADP（腺苷二磷酸）、AMP（腺苷一磷酸）、IMP（肌苷一磷酸），然后再转化成肌苷酸。

肉最理想的质感主要有三点：咬上去能感到适度的软嫩、滑润的口感和丰富的多汁性。肉的软嫩是由构成肉的肌原纤维、结合组织和脂肪组织的状态决定的；肉的滑润与脂肪的熔点有关；肉的多汁性会根据肌原纤维的构造不同而发生变化。

保水性好的肉由于保持了水分，所以看上去很鲜嫩，会感觉很好吃；而且由于这种水分中含有鲜味成分，所以多汁的肉会感觉更好吃。肉的保水性是由 pH 值和纤维的肌理这两个因素决定的。保水性在 pH 值为 5 左右时最低，这一 pH 值与食用肉蛋白质正负电荷正好接近零的“等电点”的 pH 值差不多。这种状态下的肉，咬上一口肉汁会一下子溢出来，最终嘴里留下的是没有鲜味、干巴巴的纤维。相反，如果保水性过高，怎么咬也咬不出肉汁，也不会感觉好吃。一般情况下，肉的 pH 值约为 6 时，咬一下溢出的肉汁恰到好处。此外，如果肉的纤维细密紧凑，由于毛细现象，就可以较好地保持水分。

干燥熟成和湿式熟成

在日本，牛肉的熟成一般采取一种叫“湿式熟成”的方法，即把从牛肢体上切下来的各个部分的肉包装在真空袋中，然后放在室温为 1~3 摄氏度的熟成库里保存 7~10 天。与湿式熟成法相对应，还有不装入包装袋、把畜体直接放在干燥的熟成库里储藏一定时间的“干燥熟成”保存方法。

这种干燥熟成法被美国的高级餐厅广泛采用，在日本开始尝试这种方法的精品肉店也不断增加，甚至有些餐厅还出售这种干燥熟成的牛肉。

干燥熟成过程中，从肉中溢出没有和蛋白质结合的自由水，这

种水会产生霉，不久后肉外侧的一面会变得很白。干燥熟成一般需要 20~60 天，花费的时间是湿式熟成的几倍。进行干燥熟成时，由于干燥后水分挥发以及使用时必须切除表面的肉，肉的重量会减少 20%~40%，但能产生一种只有通过干燥熟成才会形成的类似坚果香味的气味，以及软嫩的口感。

利用分子烹饪法烹制“超级牛排”

牛排肉的选择方法

京都大学研究生院前教授伏木亨老师曾在其著作《浓香和美味的秘密》中写道，食物浓郁的味道，即“浓香”主要来自脂质、鲜味以及甜味，而牛排中这三样都有。脂质来自皮下脂肪、肌肉之间或雪花牛肉中，鲜味成分来自肉汁中，甜味则是通过加热从脂质中产生的。

在选择牛排肉时，不同部位的肉，其脂溶性美味和水溶性美味的平衡是各不相同的。例如，肋骨里脊肉由于同时存在有嚼劲的部分和雪花纹较多的浓厚部分，所以味道比较复杂；而以瘦肉为主的腿肉，可以让人充分品味到由蛋白质分解而形成的氨基酸的鲜味。此外，位于肋骨里脊肉旁边的牛腩是被称为“Sir”（骑士）的优质肉，这一部分的肉可以让人品味到皮下脂肪、雪花纹和瘦肉这三者的完美结合。对于不同部位的肉，有不同的烤制方法和品味方式。

烤牛排时需要灵感?

烹制牛排，原则上只要把盐涂抹在牛肉上煎烤就行。虽然烹饪方法极其简单，但实际操作时难度很高。在肉食较多的法国烹饪界，烤肉师很受重视，这个领域普遍认为烤制是一项非常精细的工作，需要近似于灵感的直觉。

由于加热，肉受到物理方面和化学方面的影响，质感和风味会发生变化。一般认为，肌原纤维蛋白质的主要成分肌球蛋白在 55 摄氏度、肌动蛋白在 70~80 摄氏度的温度下会发生凝固；就肌肉整体来说，在温度接近 65 摄氏度时会开始收缩。因此，如果用 70 摄氏度以上的温度进行加热，被保存在这些肌原纤维蛋白质的网眼状构造中的水分会因为肌肉收缩而被挤出，导致保水性下降，肉的重量会减少 20%~40%。与之相反，结缔组织在加热前很硬、咬不断，但如果用 60 摄氏度以上的温度长时间进行加热，结缔组织胶原蛋白会发生三螺旋构造的松解，变成柔软的明胶。

也就是说，煎烤牛排过程中，在温度控制上有着一种进退两难的窘境；如果加热过头，肉的纤维会变得太硬；如果加热不足，胶原蛋白则不发生松解，仍然很硬。这种通过调节加热温度使肉变嫩的操作难度，被认为是需要灵感的主要原因。一般认为，在 60~70 摄氏度进行稍长时间的加热比较适宜，这种温度下肌原纤维不会变硬，胶原蛋白比较容易分解，能让牛肉具有最佳的软嫩度。

香喷喷的气味和诱人的颜色

对于牛排来说，口感固然重要，煎烤时飘出的香喷喷的诱人香气也很关键。

牛肉中混杂着这种动物的独特体味以及血液的气味，这在加热时会变成一种独特的香气。一般认为，肉加热时散发出来的香气，是由氨基酸、肽、各种糖类、脂质、含硫化合物等相互混杂反应而产生的。牛肉和猪肉加热时发出的香气不同，原因在于脂质或溶入脂质的物质不一样；但如果加热条件不同，其形成机制也不一样，所以具体原因目前还不明了。

如果把肉加热到 140 摄氏度以上，会发生梅拉德反应（参看第 3 章），不断形成有挥发性的芳香分子。这种肉所特有的香味，只有在高温烹制时才会发生；但如果用高温烹制，会产生肉质变硬这种与质感相冲突的问题。另外，梅拉德反应导致的肉表面的烧烤颜色，对引起牛排视觉上的美味有着重要的作用。

真空烹饪法和激光烹饪法

在真空包装的薄膜内对食材进行煮、蒸之类的“真空烹饪法”非常适合肉类，肉的口感不会变柴，烧烤程度和味道都很均衡，这样就能把肉加工得很嫩。真空烹饪虽然不能用于煎烤，但我们可以在用薄膜包装之前就把肉加工成有烧烤颜色的，或在真空烹饪后再进行煎烤，降低失败的可能性，烹制出美味的食物。仅用煎烤这一操作来掌控肉的烧烤程度、香味、硬度等是一项极其困难的工作，所以餐厅广泛采用真空烹饪和其他煎烤操作相结合的方式。

另外，最近明治大学的福地健太郎教授等组成的研究团队提出了用激光进行加热的新烹饪方法。把叫作“激光切割刀”的机器和照相机设置在一起，实现了只对食材表面需要的部分进行煎烤的“局部加热”。目前了解到的事例有：通过激光加热，只对培根的肥肉部分进行加热，瘦肉部分不加热；在奶酪上烤出文字，或在虾仁煎饼上烤出二维码样的烧烤痕迹等。今后，还可以考虑有没有可能用这种激光烹饪法自动烤熟牛排的表面。

专栏 13　试管培养肉汉堡包

2013 年，曾有一个关于“用试管内培养的牛的细胞做成的‘试管培养牛肉’烹制牛肉汉堡包，并进行试吃”的新闻报道。具体内容是荷兰马斯特里赫特大学的生理学家马克·波斯特（Mark Post）等教授们培养了牛的干细胞，用 3 个月时间做成 2 万个肌细胞，然后加入面包粉和粉末状鸡蛋，做成了 140 克重的牛肉汉堡包。

试管培养的肉本身是白色的，所以为了使其颜色看上去像牛肉，加入了红芜菁的汁和番红花，用葵花籽油和黄油煎烤后供试吃。负责烹饪的主厨说：“与通常的汉堡包相比，好像只是颜色淡了一点儿。”参与试吃的 2 位美食评论家发表品尝后的感受时说：“没有想象的那样嫩。与真的肉很像，但肉汁比较少。虽然油分不足，但与一般的汉堡包很像，口感很不错。”

制作这个汉堡包所花的费用竟然高达 30 多万美元，谷歌的联合创始人为之提供了巨额的研究经费。但波斯特教授说：“如果能降低制造费用的话，今后经过 10 到 20 年的时间就可能让这种汉堡包出现在超市的货架上”。那么，特意培养这种牛肉的背景究竟是什么呢？

现在人类栽培的农作物，70% 用作食用家畜的饲料。随着未来人口增长，预计今后会面临食用肉严重不足的局面。因此，试管培养被认为是能使食用肉的持续生产成为可能的重要替代方案之一。此外，温室效应气体二氧化碳全球排放量的 5% 以及甲烷排放量的 30% 以上都与家畜养殖有关。使用试管培养肉制造汉堡包，被认为对降低二氧化碳的排放量有利。因为不需要屠杀动物，所以试管培养肉不仅可以提供给一部分素食主义者，还得到了一些动物保护团体的赞同。

从粮食问题、地球温室效应以及动物福利的观点出发，试管培养肉的实用化备受期待。这种肉也叫“人工肉”“人造肉”，有些网站把这次的试管培养牛肉汉堡包称为“科学怪堡”（Frankenburger）。从这个称呼可以看出，出于毛骨悚然或怪诞的心理感觉，人们内心对人造肉暗藏着某种抗拒反应。

还有一个类似的例子，以前曾有一段时间，把利用当时最新技术“体外受精”而出生的婴儿，叫作“试管婴儿”“科学怪婴”。1978 年英国的罗伯特 · G. 爱德华兹（Robert G. Edwards）博士成功完成世界首次体外受精技术，他因创立体外受精技术于 2010 年获得了诺贝尔奖。据说在日本，通过体外受精而出生的婴儿，目前已经增多到每 40 人中就有一人的状态。体外受精已成为现代治疗不孕症方面不可或缺的技术。

即使是体外受精这种现在已被社会广泛接受的技术，最初出现在社会上时，人们也出现过很多抗拒反应，所以试管培养肉如果要实用化，最初多多少少会受到抨击。但随着不断发展，到了店面随处可见时，也许人们内心的障碍会慢慢消除。如果制造技术及成本等问题得以解决，并且味道能够得到改善的话，试管培养肉可能会获得巨大发展。

关于品尝试管培养肉后的感受，有人认为脂肪量不足。如果培养出肉的脂肪细胞，并通过和肌肉细胞的结合，能随意制造出瘦肉或雪花肉之类，也许到时能吃到用比以往“活体牛肉”更美味的“试管牛肉”做的牛排。

只要对环保有利，而且风味、口感和营养等各方面都不错，安全方面也没有问题的话，食用肉新时代的到来将令人期待。

不仅是牛肉和猪肉，针对濒临灭绝的鳗鱼或金枪鱼等的鱼肉，今后市场上可能也会出现超越养殖鱼肉的“试管培养鳗鱼做的烤鳗鱼”，或者“试管培养金枪鱼做的饭团”。将来，去鳗鱼店点餐时，可能会被问“是要天然的，还是养殖的？或者试管培养的？”

通过细胞培养可以制作食材，这让我感觉食物生产的概念发生巨大改变的时代即将到来。在我们不了解的领域，正常年开发着超出我们想象的食品。今后，我们会看到用怎样的新食材、新技术制作的食物呢？我们要提前做好心理准备，以免被端上餐桌的食物吓到。

2 极致美味饭团

好吃的米饭确实存在

饭团——日本人的“灵魂食物”

宫崎骏导演的电影《千与千寻》中有一个场景，主人公千寻从少年白龙手中接过饭团，边扑簌落泪边吃那个饭团。这个场景中出现的食物如果是寿司或脆饼的话，给人留下的印象肯定完全不同吧。正因为是通过人的手温情地揉捏出来的饭团，所以才会让人代入感情，并自然而然地对角色产生一种共鸣。

在日本人的饮食生活中，我觉得很少有别的食物会像饭团那样随时随地存在于人们身边，并且人们对其有着非同一般的感情。饭团可以说是触动很多日本人心弦的“soul food”（灵魂食物）吧。

对饭团的讲究也是因人而异、多种多样的，米饭喜欢偏硬还是偏软、海苔喜欢事先卷好还是吃的时候现卷、配料喜欢用三文鱼还是腌青梅等，各有各的爱好。米饭自古以来就是日本人的主食，所以人们通过从小养成的习惯，确定了各自喜欢的米饭味道。而且不仅是白米饭，根据烩饭、寿司、炒饭等不同的烹制方法，好吃米饭的概念也会发生变化，所以很难定义什么是好吃的米饭。但是，让大多数日本人都认为好吃或不好吃的米饭确实是存在的。

米饭的美味在于质感

米饭的黏性或硬度是由作为植物体的米粒的构成组织或支撑其细胞内容物的分子的物理性质决定的。在加热烹调过程中，米饭的滋味和香味会受到影响。

我们究竟感觉米饭好吃在哪里呢？从以往对大米味道进行试验的结果来看，一般认为黏性或硬度等物理特性占美味因素的70%，剩下的30%取决于光泽之类的外观、气味、甜味或鲜味等。主食无论是米饭还是面包，重要的一点是要吃不腻，因此主食不可能有下饭菜那样浓烈的味道和香味。在咀嚼米饭时会感到一丝淡淡的甜味或鲜味，但基本上是清淡的味道。所以在米饭的美味中，黏性或硬度等质感，可以说理所当然地起着很大作用。

除了考虑作为米饭美味因素的黏性，了解米粒内的分子构造也很重要。把糙米加工成精米，去掉外表的糠皮和胚芽，就变成我们常吃的胚乳部分，即白米。在胚乳部分，胚乳细胞包裹着很多淀粉粒，而

且胚乳细胞的最外侧有一层薄薄的细胞壁。一般认为比较硬且没有什么黏性的米饭，胚乳细胞的细胞壁很少会崩裂；而软和且黏性好的米饭，细胞壁的崩裂程度则比较大。

米饭的黏性本身是由淀粉造成的。这种淀粉有直链淀粉和支链淀粉两个种类。直链淀粉的分子构造是葡萄糖呈念珠状直线连接，而支链淀粉的分子构造呈直链上出现侧链的分枝构造状态。

作为日本主食的粳米，其中的平均淀粉量：直链淀粉为16%~20%、支链淀粉为 80%~84%。直线状的直链淀粉越少，分枝状的支链淀粉越多，米饭的黏性就越高。最受日本人喜爱的大米，直链淀粉含量约为 17%，优质品牌“越光”大米中含有的直链淀粉量也在 15%~17%。

另一方面，由于糯米所含的淀粉都是支链淀粉，所以黏性太高，不太适合做主食。相反，在东南亚等地被食用的籼稻等，直链淀粉含量达 30%~35%，所以做出来的米饭黏性较低，米粒松散干爽。

此外，蛋白质含量也是决定米饭是否好吃的重要因素。一般认为，蛋白质含量越低米饭就越软；蛋白质含量高的话，味道会变差。研究发现，在大米的成分中，蛋白质的含量容易随着品种或环境条件的差异发生变化。如果通过追肥等方式给稻子施肥，蛋白质特别容易蓄积在大米的表面。蓄积在表面的大量不溶于水的蛋白质，会造成吸水力和黏性下降，还会影响大米的白色光泽。

可以说，要制作极致美味的饭团，第一步必须是从分子层面来了解大米的组织构造，并清楚大米中直链淀粉和支链淀粉这两种淀粉以及蛋白质的状态。

米饭的分子烹饪学——超越柴火灶煮饭

为什么柴火灶煮饭比较理想呢？

煮饭这一烹饪操作，从分子层面来解释的话，基本上就是“淀粉α化”的同义词。

生大米中的直链淀粉呈螺旋状构造，支链淀粉呈紧密排列的结晶构造。因此，这种状态下淀粉是不溶于水的，吃了会引起消化不良。如果在大米中加入水，然后用超过98摄氏度的高温加热20分钟以上，可以使水分进入淀粉，造成其构造分解和膨胀，分解淀粉的淀粉酶等就容易起作用，这可以提高淀粉的可消化性。这种现象被称为“α化”或“糊化”。

很久以来，人们一直认为用柴火灶煮的米饭比较好吃。日本的各家电制造商为了再现这种“柴火灶煮饭”，努力开发了接近柴火灶煮饭效果的电器产品。被认为是理想煮饭方式的柴火灶，的确有着很多不错的优点。

首先，柴火灶上使用的“羽釜（锅）”是圆弧形的碗状构造，使热量可以充分对流；而且厚度有2~3毫米的羽釜中能积蓄的热量较多，可锁住热量不断供热，一气呵成煮好饭。由于连续的高温供热，传递到锅内的热量能均匀扩散，给每一粒米均匀加热。另外，米饭煮到沸腾状态会喷出含有鲜味成分的蒸气（米汤黏液），这时用厚重的盖子压住沸腾涌出的蒸气，加压后可以煮出更加蓬松好吃的米饭。还有，柴火灶的火焰是从锅底向侧面回旋，可以使锅内产生大的气泡，让米汤不断循环跳动，这样每一粒米都能充分受热。

另外，米汤开始沸腾时，需要有一个通道，让气泡迅速通过米粒之间。这时，就会发生横向的米粒变成稍微纵向的“米粒立起”现象；而且大气泡通过的通道会在米粒的间隙中形成“螃蟹孔”。换句话说，所谓“煮饭过程中米粒立起的话米饭会好吃”“形成螃蟹孔的米饭才好吃”之类的说法，正是煮饭时使用了相应的强火力的证明。

电饭煲的进化史

实现电饭煲向“柴火灶化”突破的核心技术有：IH 化、锅的形状和材质改进、压力调节。

首先，对电饭煲进化带来巨大影响的是 IH 技术的出现。电饭煲最初的构造是在铝制的热板中加入电热器，然后把锅放在上面，因此无法有效提高加热温度。1988 年，日本松下电器产业公司发售的 IH 电饭煲由于散热少，可以节省耗电；而且采用只对锅进行加热的方式，可以把热量有效地传导给水和米粒。现在的日本 Panasonic（松下电器）公司不仅在锅的底部和侧面，还在上面的盖子上搭载 IH 技术，开发了能全面进行加热的电饭煲。

1994 年，日本东芝公司又采用把铝合金熔液放入模具加以高压的方法，成功制造出厚度为 3~5 毫米的碗状构造锅。碗状锅的外形是光滑的曲线，与以往的筒状锅相比，可以解决米粒含水率不均的问题。而且在锅的材质方面，日本三菱电机公司使用导热效率良好的碳质材料、日本象印保温瓶公司使用南部铁器，分别制造了不同材质的电饭煲进行销售。

此外，1992 年日本三洋电机公司发售了压力 IH 电饭煲。这种电饭煲如果加压，煮饭温度可升至100摄氏度以上。之后，各厂家还相继发售了压力为1.5个大气压（温度可达112摄氏度）的商品。这种加压处理和增加火力的效果是一样的。但是，这种锅对快速煮糙米饭比较有效；煮白米饭时，如果加压且提高温度的话，有时米饭会太软，味道就会变差。因此在压力锅的设计上，煮白米饭时施加高压的方式为瞬间加压。

2006年，东芝公司发售了内藏真空泵、能够抽除米粒内部空气的电饭煲。如果把锅内减压至0.6个大气压，大约15分钟就可以抽出米粒内部的空气，这样水分能很容易地浸透到米粒内部。由于水分可以浸透到米芯，饭煮好后水分也不容易挥发，可以长时间保持美味口感。此外，保温时也可以通过减压来降低锅内的氧含量，防止米粒的氧化。由于锅的密封性好，米饭不会干巴，所以还可以防止米饭发黄。这种技术可以在保温状态把美味口感维持大约40个小时。

各个家电制造商以柴火灶煮饭效果为理想目标而开发出的电饭煲，具有新热源、新材质的内胆锅，以及柴火灶所没有的压力调节功能，正不断创造出超越柴火灶的美味。这种电饭煲的研发竞争何时才

会终结呢？ 在煮饭过程中的浸水、加热、焖等工艺流程，使用目前的电饭煲已基本能实现稳定的美味口感，可以说柴火灶煮饭的再现已基本完成。接下来的课题是如何在防止糠皮吸收的同时进行清洗的淘米自动化问题。关于淘米问题，在商用电饭煲制造中正进行着大量的研究和开发；最近家用电饭煲也出现了有淘米功能的类型。只要人们想吃美味米饭的欲望不绝，各厂家的电饭煲开发竞争大概也不会终结吧。

利用分子烹饪法烹制“超级饭团”

每颗米粒的成分各不相同

日本新潟县鱼沼市出产的越光米之所以作为品牌大米最负盛名，其原因在于：即使是同一品种的大米，如果产地不同则味道也不一样。很多人都知道这一点，但对于同一块土地培育出来的同一株稻穗，其中每一粒稻子的成分其实也各不相同，知道这一点的人肯定不多吧。

对同一稻穗上采摘的每粒稻子的蛋白质含量进行测量，发现越靠近穗尖蛋白质含量越高，越靠近穗根蛋白质含量越低，每粒稻子的蛋白质含量从 8% 至 15% 不等，变化幅度较大。此外，测量报告称，由于直链淀粉含量和矿物质成分的分布也有差异，所以每颗米粒的黏性和弹性也不一样。这也就意味着每颗米粒的味道和口感都不一样。

这种不同位置米粒成分的变化趋势，和稻穗开花的顺序是对应的。研究认为，生物为了在严酷的自然界得以生存，形成了早熟和晚熟两种情形并存的状态，这种战略是为了分散物种灭绝的风险。因此，我们吃的碗里的米饭是味道各不相同的饭粒组成的集团，可以说我们是通过这些米粒的平均值来对米饭的美味做出判断的。

不均一的美味

如果能把这种性质不均一的饭粒分成均一的集团，并进行均匀的焖煮，那这种米饭会是什么味道呢？均一化的米饭会朝着提升美味的方向发展，还是朝相反方向发展呢？

这种口感均一化的改良，也许会创造出极具特色的米饭，但也可能使米饭变得平淡而毫无特色。我们每天吃米饭却吃不腻，也许其重要原因就在于这些饭粒是由各具特性的物质拼合而成的集团。

如果我们每天吃同样的食物，一定会吃腻。因此，对于同样的肉或鱼等食材，我们会通过烤、煮、蒸等各种烹饪方法来改变其风味或口感。冰激凌中放入果仁或小甜饼、果冻或酸奶中放入水果等，目的就是让食物整体的口感发生改变，起到避免因口感单调而引起腻烦的作用。

另外，用野餐锅具煮饭时，锅底会形成锅巴，这也是米饭美味的重要原因。虽然我们觉得锅巴好吃，但如果煮的饭全部成了锅巴，反倒成悲剧了。我们嚼的每一口饭，口感都不一样，也许正是这种不均一的口感让米饭产生了生动的美味。

要考虑饭团的间隙

形容饭团美味的关键词，应该是饭团的松软口感吧，这也就意味着饭粒和饭粒之间有空气存在。通过轻柔的揉捏，能使饭团进入口中后轻轻地一下子散开；而更为重要的是，能在食用前维持一定的硬度，不让饭团散开。

与饭团内有空气类似，冰激凌也含有很多空气。冰激凌中空气的体积与原料体积基本相等，有时甚至大于原料体积，其中空气的体积多少关系到冰激凌在口中能否很好地融化。此外，面包中酵母发酵形成的二氧化碳造成的凹坑、点心马卡龙中细微的气孔痕迹在美味方面也起着关键作用。可以说，我们在品味食物有形部分的同时，也品味着食物中所含的空气。

极致的饭团要考虑每一粒米饭各自的性质，以及饭粒和饭粒之间的间隙。换句话说，要考虑饭粒上下左右的立体配置和填充在饭粒间空气的平衡性，这种理想状态也许是通过某种方法来实现的。不过这种通过精确掌控做出的饭团，当然是比不上至爱的人为我们做的饭团，这一点要另当别论。

专栏14　3D食物打印机之二——输出个性化的食物

我们每个人的脸是不一样的，同样，不同的人之间也都存在一些遗传基因的差异，这种差异被称为“基因多态性”。基因多态性对是否容易患病、是否过敏体质、用药时是否容易起效等影响很大。这种多态性不仅对药物反应有差异，对食物也一样。大家都知道对食品成分的消化、吸收、代谢、利用等，每个人存在个体差异。比如，不能饮酒的体质，仅是一个遗传基因（一个碱基）的差异造成的。

制作衣服时要根据个人的体型或喜好，同样，今后在医疗或营养指导领域，与个人体质或基因多态性相符的“度身定做”（私人订制）估计将会越来越重要。饮食指导可以采用私人定制，但有时饮食内容可能会受个人条件的限制，所以如果有适合个人需求的现成定制食品是最理想的。而3D食物打印机也许会给私人定制食品开发这一领域带来重大突破。关于私人定制食品开发的可能性，下面举一些具体例子。

大家都知道，与肥胖相关的代表性遗传基因之一，是“β_3–肾上腺素受体基因”这种基因多态性。实际上每三个日本人中就有一人具有这种容易发胖的变异性遗传基因。因此，可以考虑利用3D食物打印机，给带有这种肥胖基因的人制作饮食，提供控制了脂肪含量的、不易发胖的食物。而且如果利用这种打印机，给高血压患者和食物过敏者分别“打印”出低盐食物和去除过敏原的食物，可能也会有效。除了考虑基因多态性或体质的不同，对因宗教信仰不吃肉食之类的人群，可以针对性地定制使用替代食材制作的饮食。这种利用方式从全球范围来看，应该很有发展前景。

可以设想，如果今后在很多因遗传基因不同而造成的易患病情况以及预防这些病种的食物成分搭配方面，我们能积累相关重要数据的话，也许能利用 3D 食物打印机开发出适合各种体质的功能性私人定制食品。比如，可以考虑利用 3D 食物打印机制作外表和普通比萨一样、实际内容不同的比萨；可分别给爸爸提供降低心脏病风险的“强化 ω–3 系列脂肪酸比萨”，给妈妈提供有抗衰老及美容效果的“强化抗氧化物质比萨”。

此外，在婴幼儿期、发育期、成年期、老年期等不同生命阶段，该摄取的营养也各不相同。尤其是女性，在妊娠期、哺乳期摄取的营养是和平时不同的。接待各年龄层次的家庭餐馆，今后也许可以利用 3D 食物打印机为顾客提供私人定制化食品。这种食物外表看上去虽然一样，但可根据个人需要，将内容换成各自应摄取的营养成分。3D 食物打印机可以灵活控制食物的形状或物性，所以还能给婴幼儿或牙齿不好的老年人打印出口感松软的菜肴。

我设想的未来是，只要在 3D 食物打印机上设置每个人的年龄、性别、遗传信息、有无病情、是否锻炼、当天的身体情况等个人信息数据，以及有关自己想吃的食物（拉面、寿司等）和自己喜好（风

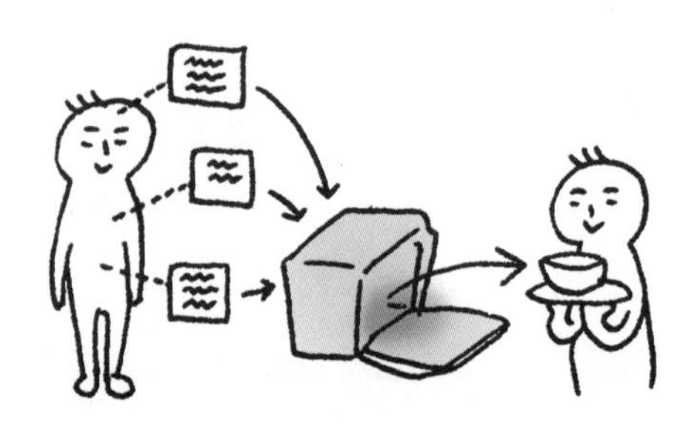

味、口感等）的“3D 食物信息数据”，就可制作能完美反映这些营养及喜好的“终极完美定制食品”。

未来的人也许会和现在同样或者更加急躁，所以如果能利用 3D 食物打印机，在比泡方便面更短的时间内提供食物，这会很理想。关于这种情形的出现，虽然无法预测技术层面的实际运用究竟能发展到何种程度，但我期待在有生之年能窥得其一鳞半爪。

3 极致美味蛋包饭

烹饪从蛋开始由蛋终结

作为烹饪序曲的蛋类

鸡蛋常被认为是最好的营养来源之一或“世界上最有营养的早餐”。蛋原本是孵化雏鸡的“生命胶囊”，所以不难理解这种食材具有丰富到使人吃惊的营养成分。对于营养价值高的东西，人们会感觉好吃，这从营养学角度来说是理所当然的；而且从蛋常被用来制作各种各样的食物这一点来看，这更是不言而喻。

有一种说法，“烹饪从蛋开始、由蛋终结”。小孩子最初学会做的代表性菜肴之一，一般是煎鸡蛋或煎蛋卷，所以蛋类菜容易被看作走进烹饪世界的序曲。另一方面，即使是寿司店的师傅，要把煎蛋卷做得形状稳固美观且味道好吃，也绝非容易之事。而法国的厨师要把蛋包饭做得赏心悦目，也必须进行修炼。

越是简单的菜肴越不能轻视，这考验着厨师的厨艺。那么具有代表性的简单菜肴，大概就是蛋类菜吧。

蛋的魅力

蛋类与肉类或鱼类相比，虽然很难成为餐桌上的主菜，但使用范围很广，常被用于很多食品的制作。特别是做糕点，如果不用蛋，能做的糕点将很有限。

为什么蛋类菜的变化如此丰富多彩呢？其中最大的原因就是蛋的可烹调性好。蛋可以加热凝固、打出泡沫、用水和油混合等，这种多功能的性质成为做出煎鸡蛋、煎蛋卷、炒蛋、蛋糕、马卡龙、棉花糖等各种各样蛋类食物的原动力。而且，作为一种黏合剂，鸡蛋被广泛使用于淡奶油等沙司酱类、火腿、鱼糕、面条等食品中。

还有，我觉得蛋类食物之所以丰富多彩，原因在于蛋本身并不过分好吃。如果食物中不含有一定量的呈味成分（通常是谷氨酸或肌苷酸），就会感觉不好吃。感觉好吃或不好吃的分界线的值，被称为“临界值”，是类似跳高横杆那样的东西。通过对鸡蛋蛋黄和蛋白中的游离谷氨酸或肌苷酸进行分析，发现蛋黄的谷氨酸含量超过临界值，但蛋白的谷氨酸含量不到蛋黄的1/10；蛋黄和蛋白的肌苷酸含量都远远低于临界值。也就是说，与单独状态下呈味成分就高于临界值的肉类或鱼类不同，鸡蛋中虽然并非完全没有呈味成分，但在单独状态下，鸡蛋不具备越过这条“美味横杆”的跳跃能力。正因如此，烹饪时才会考虑在汤汁鸡蛋卷中放入高汤，或者在鸡蛋盖浇饭中放入发酵后产生鲜味的酱油吧。

鸡蛋通过和其他食材的搭配，巧妙地补充了鲜味，并激发了鸡蛋原本潜在的美味，最终形成了回味无穷的滋味。鸡蛋之所以能被用于各种食物的烹制，是因为它在食物中并不过于出众地表现自己，与很多食材有不错的相容性。鸡蛋盖浇饭的种类之所以丰富多彩，大概也是这个原因。

蛋的分子烹饪学——蛋为什么是多功能的？

起关键作用的蛋白质

蛋是一种非常神奇的食材，性质完全不同的蛋黄和蛋白互不混杂，且共存于同一蛋壳内。把蛋黄和蛋白各自分开或者把两者混合在一起，都可以用来做各种食物。

从让外国人觉得恐怖的、日本特有的生蛋拌饭之类的鸡蛋生吃法，到蛋白和蛋黄分明的煮鸡蛋、蛋黄和蛋白混合做成的煎蛋卷、把蛋白打泡做成的蛋白酥皮糕点、只用蛋黄的蛋奶沙司等，通过蛋白和蛋黄的这些组合搭配，蛋可以被广泛应用到食物烹制中。

根据温度控制或搅拌等操作的差异，以及使用材质和热源各异的烹饪工具等因素的影响，蛋的性质会发生很大变化。而且，从蛋产生那一刻开始，蛋的成分也时时刻刻在发生变化。蛋的三大烹饪特性——热凝固性、起泡性、乳化性，与蛋中含有的成分变化（特别是蛋白质的变化）关系很大。

遇热反应造就口感

从物理性因素来看，蛋遇热会发生急剧变化。如果是带壳的蛋，大家只要想象一下生蛋、温泉蛋、半熟蛋、熟透的水煮蛋等的各种形状，就可以理解蛋的这种变化。通过加热，蛋白和蛋黄会凝固，这是因为蛋白质遇热会发生变性。

蛋白由于加热导致的变性，会发生凝胶化或凝聚。凝胶化在第3章中就已提到，蛋白质分子在保持球状分子构造的同时，局部松散结合，形成三维网眼状构造，其中的水分被锁定。而凝聚是指蛋白质分子在排出水分的同时牢固结合在一起的状态。

蛋白中混杂着各种各样的蛋白质。这些蛋白质的名称中，很多都带有意为“蛋”的前缀“ovo-”。这些蛋白质的热变性温度各不相同，卵清蛋白（占蛋白整体蛋白质的54%）在78摄氏度、伴清蛋白（占12%）在61摄氏度、卵类黏蛋白（占11%）在77摄氏度会发生凝固。占蛋白中的整体蛋白质一半以上的卵清蛋白，对蛋白的凝胶化影响很大。

蛋白凝胶化过程中，约60摄氏度，热变性温度较低的伴清蛋白首先开始凝固，但不会马上凝固，而是变成黏糊状态；约70摄氏度，会变得白浊但不能维持形状，呈温泉蛋的蛋白状态。要使其完全失去流动性，必须用80摄氏度以上的温度加热，这时蛋白中的大部分蛋白质都会发生热变性，蛋白就变成熟透的水煮蛋状态。

另一方面，蛋黄的遇热凝胶化，被认为与LDL（低密度脂蛋白）的参与有很大关系。蛋黄约在65摄氏度开始凝固，失去流动性；但与蛋白不同，约在70摄氏度能够维持形状，凝固成黏糊糊的温泉蛋状态；在 85 摄氏度以上，如果带壳加热，蛋黄会整体凝固成粉状。

可以说，正是蛋白和蛋黄遇热反应的这种巨大差别，造就了蛋类食物丰富多变的口感。

搅拌起泡的科学

蛋白中的蛋白质不仅会通过加热发生变性，而且遭受通过搅拌造成的物理性刺激也会发生变性，形成泡沫。和热凝固性一样，蛋白中的蛋白质种类不同，起泡性也不一样。目前了解到，伴清蛋白是起泡性比较强的蛋白质，而占蛋白大部分的卵清蛋白则起泡力不太强。

由于蛋白中的蛋白质基本上都是水溶性的，所以未处理状态的蛋白质分子，内侧部分为疏水性，外侧部分为亲水性，呈紧凑的折叠状态。把蛋白打出泡沫时，蛋白质的疏水性部分会外露到表面，形成包裹着空气的气泡。如果继续搅拌打泡，这个气泡会变小，形成被蛋白质的固体膜牢牢包裹的稳定泡沫。但研究发现，如果搅拌过头，蛋白质分子之间的结合力过强，会把存在于蛋白质之间的水分挤出，导致泡沫的稳定性降低。蛋白起泡打发过头的蛋白酥会变干就是这个原因。

在法国，很早以前蛋液打泡时就开始使用铜制金属碗。通过制作经验发现，用这种铜碗制作的蛋白酥，与用不锈钢碗制作的相比，光泽度更好。对这种现象进行分析后发现，从铜碗中渗出的铜和蛋白中的蛋白质相结合，可以提高泡沫的稳定性。

对水和油的乳化作用

蛋白和蛋黄都具有乳化性，但蛋黄的乳化稳定性大大高于蛋白。蛋黄可以让油浮在水中，可以说是“O/W 型”（水包油型）乳化剂，以前认为与蛋黄这种乳化性有关的主要成分是卵磷脂，但现在的观点更倾向于这是含有卵磷脂的 LDL 造成的。

利用蛋黄的乳化性制作的代表性食物是蛋黄酱。特别是日本的蛋黄酱，在世界上都是出了名的美味。据日本蛋黄酱制作公司的工作人员说，蛋黄酱做好后，如果放置一段时间，绝对比刚做好的新鲜蛋黄酱好吃。这大概是随着时间的流逝，鸡蛋的蛋白质被分解，带有鲜味的氨基酸增加了的缘故吧。

蛋包饭的科学

大多数蛋类食物的制作原理，多多少少与蛋的热凝固性、起泡性、乳化性等特点有关。作为蛋类食物的代表，蛋包饭当然也如此。

普通蛋包饭的基本制作方法是，磕开鸡蛋，把蛋白和蛋黄搅拌至有点儿起泡的程度，用胡椒、盐进行调味；平底锅加热后放入黄油，黄油开始变色时倒入蛋液。黄油加热后产生的香味对蛋包饭的美味来说是不可或缺的存在。此外，黄油不仅可以提升鸡蛋的美味，还可以增添色泽，对蛋包饭做得松软也很有用。

在加热初始阶段，要一边转动平底锅一边搅拌整体的蛋液，使其变成半熟状态。然后全集中到平底锅最里面，通过局部的热变性形成松软的凝胶，而且让凝胶结合成一整块。再用强火力在大约十几秒内快速煎成，烹饪过程中容不得半点儿迟疑。蛋是对温度非常敏感的食材，加热温度或时间的微妙不同，不仅会改变质感，还会改变风味。外表略带能勾起食欲的微焦痕迹，里面是冻状的半熟状态，这是蛋的热凝固性和乳化性造成的。

此外，开始烹制之前把蛋多搅拌几次，口感可以变得非常松软，这种蛋包饭也很受欢迎。这当然也跟蛋白的起泡性有关。还有一种方法，在磕开的鸡蛋中加入少量苏打水，让碳酸在蛋液中散开形成泡沫，很容易使蛋包饭的口感变得松软。我对蛋包饭的松软感情有独钟。

利用分子烹饪法烹制“超级蛋包饭”

“超级蛋包饭”的设计图

被认为是烹制得比较成功的蛋包饭，一般需要满足三个条件：外表呈丰满松软的纺锤形，表面有淡淡的焦痕，切开后里面是不流汁液的绝妙半熟状态。

蛋包饭的纺锤形是由煎蛋用平底锅的形状造成的。把半熟状态的鸡蛋做成一块松软的蛋饼，然后利用平底锅锅沿的圆形来调整蛋包饭的形状，就必然会形成那种纺锤形。

如果要做超越以往蛋包饭的“超级蛋包饭”，我可能会考虑尝试一种非纺锤形的蛋包饭。另外，外表要用鸡蛋和黄油巧妙融合，并带有略显金黄色光泽

的焦痕和飘散出洋溢着幸福感的香味，这些都必不可少。比较难操作的是蛋包饭内部半熟状态的把控。

由于构成蛋的各类蛋白质凝固温度各不相同，做成半熟状态时，已凝固成凝胶的蛋白质和仍处于液体状态的蛋白质就会同时存在，切开后里面就会流出液体。也就是说，从分子层面来看，必然会发生蛋白质分子之间的“加热不均一”。我们可以考虑一下，是否可以通过分子烹饪法来克服这些问题，做出幻想中的“超级蛋包饭”。

对蛋的成分进行分解与再合成

如果能娴熟地把控蛋包饭的半熟状态，并把黏稠感做得比以往的蛋包饭更好，就是最理想的。我们来尝试一下，能否把最初由斗牛犬餐厅主厨费兰·阿德里亚提出的、对食材进行分解和合成的解构主义概念应用到“超级蛋包饭”的烹制上。

前面提到，为了用实验来验证蛋的热凝固性、起泡性、乳化性等，曾把构成蛋白、蛋黄的成分进行分离，检测各种成分的功能。如果使用同样的方法，改变分离后蛋的各成分比例，进行再合成后做蛋包饭，那将会有怎样的结果呢？ 这是验证人们认为最美味的蛋包饭分子组成的“构筑型研究”。通过这种实验研究，可以推演出蛋的热凝固性、起泡性、乳化性等出现理想状态时的条件。

当然，分离食品成分比加入食品添加剂进行混合的操作难度要大得多，成本也比较高。但目前食品行业正进行着各种分离技术的开发。例如，用超速离心分离器可以很容易地把蛋黄分离成两种性质不同的成分——清亮的血浆和沉淀的颗粒。血浆中脂质占 41%、蛋白质约占9%，脂质相对较多；而颗粒中脂质占19%、蛋白质约占34%，蛋白质居优势。因此，即使限定“鸡蛋成分100%”，即只用原有的鸡蛋成分，但只要可以改变各成分所占比例，以此改变鸡蛋的起泡情况或乳化性，也可以做出能随意变换形状的蛋包饭。通过科学实验那样的反复试验，也许能做出谁也没见过的平面蛋包饭吧。

零重力烹调法

人类对宇宙一直有着无穷的梦想。现在宇宙领域期望较高的梦想，大概依然是“火星载人探测计划”吧。一般认为火星的载人探测来回至少需要两三年时间，而目前的航天食品无法满足这种航天探测需求。长时间处在失重环境中，骨头和肌肉可能会受损；而且在充满压力的封闭空间，想不时能吃到美味吃不腻且有营养的航天食品，就必须考虑让宇航员进行烹饪。

如果在零重力下烹制蛋包饭，将会是一种怎样的情形呢？ 在零重力空间中倒出水，由于表面张力，水的表面积会缩小，变成完美的球体，那磕开蛋壳的蛋液只要放置在零重力下就会变成完美的球吧。另外，在宇宙空间中，水和油是不分离的。1973年，在近地轨道空间站“天空实验室”，进行了把水和油混合以调制调味汁的试验。在地球上10秒钟左右就出现分离的水和油，在太空中经过10个小时也完全没有出现分离迹象，水和油都保持细小颗粒状，均匀分散。所以，蛋白和蛋黄的成分也许可以通过在地球上不可能出现的状态进行混合。在太空被完全混合而形成完美球形的鸡蛋，如果能用什么方法全方位地进行均匀加热，我觉得也许能做出乳化状态非同一般、前所未有的浓稠蛋包饭。

当然，如果带回地球的话，这种蛋包饭会由于重力作用被挤破，所以这道食物的烹制和食用都要限定在零重力空间中。那么也许“太空蛋包饭”会成为宇宙餐厅的特色菜，今后在宇航员的训练项目中，针对宇宙环境的烹饪课也会成为必修科目。

专栏 15　3D 食物打印机之三——打印食物时显现的烹饪意义

现在很多大学或研究所，都在尝试使用 3D 打印机制造人的内脏器官或生物组织。通过这种技术和诱导多能干细胞等干细胞研究的发展，将来可能会出现适用于特定病人的、不发生排斥反应的人工内脏器官。

如果制造生物组织能实现，通过 3D 食物打印机来制造作为食材的植物或动物的组织，从技术层面来说，也将变得可能。如专栏 13 中介绍的试管培养肉研究那样，目前科学家已开始认真研讨这种生物组织制造新方法的效果。包含成本问题在内，要解决的课题还很多，但 3D 食物打印机不仅能改变烹饪，也许还能使烹饪阶段之前的食材生产领域也为之一新。如果可以实现，食品产业的构造将会发生巨大变化。

“用 3D 食物打印机制作的食物？ 这种东西能吃吗！”“机器可以烹制食物？ 一听就感觉不会好吃。”喜爱以往的传统烹饪法、传统食物的人可能都会这样想。对我们来说，不管烹饪方法如何发展，也无法媲美家人精心为我们烹制的食物。但现状是，在一些家庭中，从超市、便利店买来的半成品食物或方便面等加工食品，已成为日常食品。如果从出生开始就一直吃 3D 食物打印机制作的食物，毫无疑问那也将会成为“家庭的味道”。以前的常识成了现在的非常识，同样，现在的非常识也许会成为将来的常识。

1973 年，一部名为《超世纪谍杀案》(*Soylent Green*) 的电影上映了。这是一部描述在 2022 年的未来世界，因人口增加出现粮食不足的困扰后，把人造原料制作成合成食品的科幻片。虽然跟这部电影也许没有直接关系，美国的赛菱(Soylent)集团开发出配制了人体必需营养素的粉末状食品“Soylent”，这是一种可以在水中溶解成乳白色奶昔状后食用的食品。因为这种食品具有可缩短烹饪及用餐时间、降低生产和运输成本等优点，所以被期待用于解决粮食问题；但人们也对这种食品存在一些担忧，比如会导致颌骨的咀嚼功能下降、消化器官功能下降、降低用餐乐趣等。

目前可以看到一种趋势，现代人分为两个极端：一种人对美食信息非常关注，一种人对饮食根本就漫不经心。对于觉得吃饭太麻烦的人来说，超级食品也许是比较理想的饮食，因为能很简单地摄取营养。这种饮食两极化的背后，大概是提供饮食的方式多样化，生活环境发生了变化，即使自己不想做饭也能获得食物的缘故吧。关于饮食，我们面前出现了各种各样的选择，有十分奢华的食物，也有在便利店很方便就能买到的食物。现代社会是信息爆炸的时代，也许受此影响出现了两极化，有的人会在大脑里储存很多信息后再进行处理，而有的人则很干脆地把信息舍弃。

人活着的时候如果不吃东西，必然难以维持生命活动；而烹制食物的操作，不一定要自己来进行，可以由其他人或 3D 食物打印机来进行，有这种想法的人今后一定会越来越多。在现代社会，亲手烹制食物这件事已成为人们的一种个人兴趣，那亲手制作食物的意义、烹饪的意义究竟何在呢?

在分子生物学领域有一种遗传基因的“敲除”技术，即破坏老鼠等实验动物的遗传基因，使之无效化。在检测生物体所具备的遗传基因的功能时，破坏遗传基因这种检测法，比增强遗传基因作用的检测法，检测结果更加明确。这是一种利用遗传基因的“减法”而非“加法”来检测的方法。原本就存在的遗传基因在身体中起着理所当然的作用，所以人们通常认识不到它的功能。同样，对于人类一直以来理所当然地进行着的烹饪的意义或重要性，我们也是很难看到的。

如果今后的社会，食品可以通过 3D 食物打印机等自动输出，手工烹饪操作从社会上被“敲除”的话，迄今为止烹饪所承担的社会意义或文化意义等，到时将会更真实地显现出来。也许通过 3D 食物打印机等非手工操作的烹饪方式，可以更加鲜明地揭示用科学无法理解的“烹饪之重要性”。

后记

2011年3月11日，东日本大地震刚发生后不久，我在所住的仙台市，听到从空中传来好多架直升机的轰鸣声，同时地面上救护车的警报声也长鸣不绝。

紧接着传来了发生地震灾害的消息，我得知日本东北沿海地区发生海啸，遭遇了毁灭性破坏，位于我老家福岛的核电站正处于危急状态。平时胃口一向很好的我一下子没了食欲，但如果不吃的话，可以料想到后面自己肯定是支撑不住的，所以我不管三七二十一，把食物不断地塞进口中。

在那种混乱状态下，为平定翻腾的情绪，我努力控制着自己，从破裂的水管中接了水，然后用盒式灶具和野外用的小壶加热了点儿饼和意大利面等，并利用粉丝汤调料中的鲜味成分谷氨酸，使心绪稍稍得以平和。当时的我，在加热食物时拼命想要提高温度，哪怕温度只能提高 10 摄氏度，也希望能借此尽量增加鲜味成分，即使多 1 微克也好。

地震发生后我迫切地想吃美味食物。我想吃的绝非什么特别的盛宴，只是想吃平时吃惯的家常饮食，希望能心情轻松地在餐桌上吃到热热的米饭、大酱汤以及烤鱼，这些就足够了。我希望通过美味的食物缓解那一天的疲惫，并提振对明天的期待和拼搏加油的心情。美味食物是稳定情绪的必需品，是激发对未来希望的能量源泉。

我的研究方向是分子层面的食品学和营养学，对食物分子层面的“美食学”，一直以来作为兴趣爱好进行着研究。之所以成为兴趣，是因为美食能触发“吃货”的想象，让人产生譬如“太奢侈啦”“这是有钱人的嗜好”等内疚感。但震灾后，我切身体会到，对美味食物或美味菜肴的研究，绝不是奢侈或有钱人的嗜好，这种研究对于一个人能否像个人样地活下去至关重要。从这一意义上来说，我对“美食学”这个词的感悟，在东日本大地震发生之前和之后发生了明显的变化。

此外，由于日本东京电力公司福岛第一核电站的事故，科学家的社会责任遭到质疑。震灾发生后，作为一名饮食研究者，我之前的研究没能对抗灾起到任何帮助。发生灾害时如何能为身心俱疲的人、老年人，以及担负今后未来的孩子们提供美味又吃不腻的饮食呢？我认为今后有必要对此进行研究。

21 世纪的食物将会如何发展，并且再往后的 22 世纪的食物又将是一种怎样的状态？ 关于这些问题，光是想象一下，我就感觉胸口怦然跳动。我感觉自己对这种未来食物的欢欣雀跃、忐忑期待感，比幼年时代更强了，而且现在我能预见的未来食物形态也比过去更清晰了。

我希望从分子层面探寻美味食物的秘密，研究能开发更美味食物的分子烹饪，把“期待烹制出更美味的食物，哪怕这种食物的美味仅仅多增加 1 微克”这种想法传递给更多的人。希望越来越多的人能对分子烹饪感兴趣，并参与到这个领域中来。

最后，衷心感谢（日本）化学同人公司的津留贵彰先生，给予我撰写这本书的机会。接到撰稿委托，是在东日本大地震发生几个月后。虽然因忙于各种工作，撰稿进展不畅，但津留贵彰先生一直不断给予我鼓励，对此深表感谢。

另外，感谢为本书提供插图的妻子兰子，谢谢！

石川伸一

2014 年 3 月

第1章　食物和科学相遇的历史

『BRUTUS』2005年5/15号,「特集：あなたにも作れます！　21世紀料理教室！」, マガジンハウス.

Barham, P., Skibsted, L. H., Bredie, W. L., Frøst, M. B., Møller, P., Risbo, J., Snitkjaer, P. and Mortensen, L. M. (2010). Molecular gastronomy: a new emerging scientific discipline. *Chem. Rev.*, **110**(4), 2313-65.

Harvard School of Engineering and Applied Sciences. "Science and Cooking" http://www.seas.harvard.edu/cooking/.

This, H. (2009). Twenty Years of Molecular Gastronomy.『日本調理学会誌』, **42** (2), 79-85.

This, H. (2007). *Kitchen Mysteries: Revealing the Science of Cooking*, Columbia University Press.

This, H. (2008). *Molecular Gastronomy: Exploring the Science of Flavor*, Columbia University Press.

This, H. (2009). *Building a Meal: From Molecular Gastronomy to Culinary Constructivism*, Columbia University Press.

Blumenthal, H. (2009). *The Fat Duck Cookbook*, Bloomsbury Publishing.

Humphries, C. (2012). "Cooking: delicious science", *Nature*, **486**(**7403**), S10-1.

Jeff Potter (2011).『Cooking for Geeks：料理の科学と実践レシピ』(水原文　訳), オライリージャパン.

Myhrvold, N., Young, C. and Bilet, M. (2011). *Modernist Cuisine: The Art and Science of Cooking*, Cooking Lab.

Lister, T. and Blumenthal, H. (2005). *Kitchen Chemistry*, Osborne, C. (ed), Royal Society of Chemistry.

The Observer. "'Molecular gastronomy is dead.' Heston speaks out", http://observer.theguardian.com/foodmonthly/futureoffood/story/0,,1969722,00.html

The Observer. "Statement on the 'new cookery'", http://www.theguardian.com/uk/2006/dec/10/foodanddrink.obsfoodmonthly.

エルヴェ・ティス, ピエール・ガニェール (2008).『料理革命』(伊藤文　訳),

中央公論新社.
エルヴェ・ティス（2008).『フランス料理の「なぞ」を解く』(須山泰秀，遠田敬子　訳)，柴田書店.
エルヴェ・ティス（1999).『フランス料理の「なぜ」に答える』(須山泰秀　訳)，柴田書店.
ゲレオン・ヴェツェル監督（2012).『エル・ブリの秘密—世界一予約のとれないレストラン』，角川書店.
フェラン・アドリア，ジュリ・ソレル，アルベルト・アドリア（2009).『エル・ブリの一日—アイデア，創作メソッド，創造性の秘密』(清宮真理，小松伸子，斎藤唯，武部好子　訳)，ファイドン.
葛西隆則，石掛恵理，大石はるか，長勢朝美，細川尚子（2011).「「分子料理学〔美食学〕」(“Molecular Gastronomy”）の盛衰とシェフ達による新しい働き」.『藤女子大学紀要』，48（第Ⅱ部)，35-41.
坂東省次　著・編集（2013).『現代スペインを知るための 60 章』，明石書店.
山本益博（2002).『エル・ブリ　想像もつかない味』，光文社.
村上陽一郎（1999).『科学・技術と社会—文・理を越える新しい科学・技術論』，光村教育図書.
田村真八郎，安本教伝，勝田啓子，池田清和，川端晶子，山本愛二郎，田村咲江（1997).『食品調理機能学』，建帛社.
渡辺万里　著，フェラン・アドリア　監修（2000).『エル・ブジ至極のレシピ集—世界を席巻するスペイン料理界の至宝』，日本文芸社.
日本料理アカデミー.“日本農芸化学会 2012「拡大サイエンスカフェ」実施報告”，http://culinary-academy.jp/system/wp-content/uploads/labo.pdf?phpMyAdmin=QQ4u-DU0RUw8NV6VdfTloKDhaS7.

第２章　科学让食物更美味

Hawkes, C. H. and Doty, R. L. (2009). *The neurology of olfaction*, Cambridge University Press.
Shepherd, G. M. (2011). *Neurogastronomy: How the Brain Creates Flavor and Why It Matters*, Columbia University Press.
Robyt, J. F. (1997). *Essentials of Carbohydrate Chemistry*, Springer.
Kier, L. B. (1972). A molecular theory of sweet taste. *J. Pharm. Sci.*, **61**(9), 1394-7.
Masuda, K., Koizumi, A., Nakajima, K., Tanaka, T., Abe, K., Misaka, T. and Ishiguro. M. (2012). Characterization of the modes of binding between human sweet taste receptor and low-molecular-weight sweet compounds. *PLoS One*,

7(**4**), e35380.
Mouritsen, O. G. and Khandelia, H. (2012). Molecular mechanism of the allosteric enhancement of the umami taste sensation". *FEBS J.*, **279**(**17**), 3112-20.
Shallenberger, R. S. (1994). *Taste Chemistry*, Springer.
Shallenberger, R. S. and Acree, T. E. (1967). Molecular theory of sweet taste. *Nature*, **216**(**5114**), 480-2.
Shallenberger, R. S. (1978). Intrinsic chemistry of fructose. *Pure Appi. Chem.*, **50**(**11-12**), l409-20.
Zhang, F., Klebansky, B., Fine, R. M., Xu, H., Pronin, A., Liu, H., Tachdjian, C. and Li, X. (2008). Molecular mechanism for the umami taste synergism. *Proc. Natl. Acad. Sci. USA*, **105**(**52**), 20930-4.
『おいしさの科学』企画委員会　編（2012).『おいしさの科学シリーズ Vol. 3「トウガラシの戦略―辛味スパイスのちから」』，エヌ・ティー・エス.
古賀良彦ほか（2013).『嗅覚と匂い・香りの産業利用最前線』，エヌ・ティー・エス.
今田純雄　編（2005).『食べることの心理学―食べる，食べない，好き，嫌い』，有斐閣.
三坂巧（2012).「人工甘味料―甘味受容体間における相互作用メカニズムの解明」，『化学と生物』，50（12），859-61.
山本隆（1996).『脳と味覚』，共立出版.
山本隆（2001).『美味の構造―なぜ「おいしい」のか』，講談社.
山野善正　監修（2011).『進化する食品テクスチャー研究』，エヌ・ティー・エス.
森憲作（2010).『脳のなかの匂い地図』，PHP 研究所.
川端晶子（2003).『食品とテクスチャー』，光琳.
日下部裕子，和田有史　編（2011).『味わいの認知科学―舌の先から脳の向こうまで』，勁草書房.
日本味と匂学会　編（2004).『味のなんでも小事典―甘いものはなぜ別腹？』，講談社.
畑中三応子（2013).『ファッションフード，あります。―はやりの食べ物クロニクル 1970-2010』，紀伊國屋書店.
伏木亨（2005).『人間は脳で食べている』，筑摩書房.
伏木亨（2008).『味覚と嗜好のサイエンス』，丸善.
櫻井武（2012).『食欲の科学』，講談社.

第3章 美味食物中的科学

Ahn, Y. Y., Ahnert, S. E., Bagrow, J. P. and Barabási, A. L. (2011). Flavor network and the principles of food pairing. *Sci. Rep.*, **1**(**196**), 1-21.

Edwards, D. (2010). *The Lab: Creativity and Culture*, Harvard University Press.

Drahl, C. (2012). Molecular Gastronomy Cooks Up Strange Plate-Fellows. *Chemical & Engineering News*, **90**(**25**), 37-40.

Chartier, F. (2012). *Taste Buds and Molecules: The Art and Science of Food, Wine, and Flavor*, Houghton Mifflin Harcourt.

マギー (2008).『キッチンサイエンス—食材から食卓まで』(香西みどり 監修, 北山薫, 北山雅彦 訳), 共立出版.

Perkel, J. M. (2012). The new molecular gastronomy, or, a gustatory tour of network analysis. *Biotechniques*, **53**(1), 19-22.

久保田紀久枝, 森光康次郎 編 (2011).『食品学—食品成分と機能性』, 東京化学同人.

久保田昌治, 佐野洋, 石谷孝佑 (2008).『食品と水』, 光琳.

『考える人』2011年11月号,「特集 考える料理」, 新潮社.

清水純夫, 牧野正義, 角田一 (2004).『食品と香り』, 光琳.

村勢則郎, 佐藤清隆 編 (2000).『食品とガラス化・結晶化技術』, サイエンスフォーラム.

長谷川香料株式会社 (2013).『香料の科学』, 講談社サイエンティフィック.

白澤卓二, 大越ひろ, 渡邊昌 監修 (2012).『高齢者用食品の開発と展望』, シーエムシー出版.

片山脩, 田島真 (2003).『食品と色』, 光琳.

本間清一, 村田容常 編 (2011).『食品加工貯蔵学』, 東京化学同人.

第4章 烹制美味食物的科学

AFPBB News.“「分子料理法」実験で爆発, ドイツのシェフ両手失う”, http://www.afpbb.com/articles/-/2621179

Carmody, R. N., Weintraub, G. S. and Wrangham, R. W. (2011). Energetic consequences of thermal and nonthermal food processing. *Proc. Natl. Acad. Sci. USA*, **108**(**48**), 19199-203.

Fonseca-Azevedo, K. and Herculano-Houzel, S. (2012). Metabolic constraint imposes tradeoff between body size and number of brain neurons in human evolution. *Proc. Natl. Acad. Sci. USA*, **109**(**45**), 18571-6.

Modernist Cuisine Blog. “5 Additional Uses for Your Baking Steel”, http://modernistcuisine.com/2013/04/five-additional-uses-for-your-baking-steel/.

PolySciene. "The Anti-Griddle® Inspired by Chef Grant Achatz", http://cuisinetechnology.com/the-anti-griddle.php.
Sharp Europe. "Sharp intern and design team give unhealthy cooking the chop", http://www.sharp.eu/cps/rde/xchg/eu/hs.xsl/-/html/sharp-intern-and-design-team-give-unhealthy-cooking-the-chop.htm.
The Royal Society. "Royal Society names refrigeration, pasteurisation and canning as greatest three inventions in the history of food and drink", http://royalsociety.org/news/2012/top-20-food-innovations/.
インターネットコム. "包丁を使えるタブレット？ータッチスクリーン搭載の"まな板"が登場", http://japan.internet.com/webtech/20131028/3.html
スティーヴン・オッペンハイマー (2007). 『人類の足跡10万年全史』(仲村明子訳), 草思社.
ナショナルジオグラフィック. "ヒトの脳は加熱調理で進化した?", http://www.nationalgeographic.co.jp/news/news_article.php?file_id=20121031002.
ロバート・L. ウォルク (2013). 『料理の科学ー素朴な疑問に答えます〈2〉』(ハーパー保子　訳), 楽工社.
一色賢司 (2013). 『生食のおいしさとリスク』, エヌ・ティー・エス.
山本和貴 (2009). 「高圧力を活用した食品加工その1総論」, 『日本調理科学会誌』, **42** (6), 417-23.
山本和貴 (2010). 「高圧力を活用した食品加工その2動向」, 『日本調理科学会誌』, **43** (1), 44-9.
重松亨, 西海理之 (2013). 『進化する食品高圧加工技術ー基礎から最新の応用事例まで』, エヌ・ティー・エス.
青木三恵子　編 (2011). 『調理学』, 化学同人.
辻調理師専門学校　編 (2000). 『料理をおいしくする包丁の使い方ー野菜と魚介のうまみを引き出す切り方・さばき方』, ナツメ社.
畑江敬子, 香西みどり　編 (2011). 『調理学』, 東京化学同人.
畑江敬子 (2005). 『さしみの科学ーおいしさのひみつ』, 成山堂書店.
肥後温子 (1989). 『電子レンジ「こつ」の科学ー使い方の疑問に答える』, 柴田書店.
木戸詔子, 池田ひろ　編 (2010). 『食べ物と健康〈4〉 調理学 (第2版)』, 化学同人.
矢野俊正, 川端晶子 (1996). 『調理工学』, 建帛社.

第5章　极致美食的分子烹饪

TIME. com. "What Tastes Good in Outer Space? Cooking for Mars-Bound

Travelers", http://healthland.time.com/2012/07/11/what-tastes-good-in-outer-space-cooking-for-mars-bound-travelers/?iid＝hl-main-mostpop1.
『おいしさの科学』企画委員会　編（2011).『おいしさの科学シリーズ Vol. 1「食品のテクスチャー——ニッポンの食はねばりにあり。」』, エヌ・ティー・エス.
沖谷明紘　編（1996).『肉の科学』, 朝倉書店.
下村道子, 橋本慶子　編（1993).『動物性食品』, 朝倉書店.
宮崎駿監督（2002).『千と千尋の神隠し』, ブエナ・ビスタ・ホーム・エンターテイメント.
細野明義, 吉川正明, 八田一, 沖谷明紘　編（2007).『畜産食品の事典』, 朝倉書店.
山口修一, 山路達也（2012).『インクジェット時代がきた！—液晶テレビも骨も作れる驚異の技術』, 光文社.
清水恵太, 藤村忍, 石橋晃（1997).「卵のおいしさ（2)」,『畜産の研究』, 51（3), 40-2.
石谷孝佑, 大坪研一　編（1995).『米の科学』, 朝倉書店.
中村良　編（1998).『卵の科学』, 朝倉書店.
渡邊乾二　編（2008).『食卵の科学と機能—発展的利用とその課題』, アイケイコーポレーション.
島田淳子, 下村道子　編（1994).『植物性食品 I』, 朝倉書店.
伏木亨（2005).『コクと旨味の秘密』, 新潮社.
福地健太郎, 富山彰史, 城一裕（2011). "Laser-Cooking：レーザーカッターを用いた自動調理法の開発", 情報処理学会研究報告. HCI, ヒューマンコンピュータインタラクション研究会報告, 2011-HCI-144（19), 1-6.